海洋经济战略下服务贸易发展研究

——兼论宁波海洋服务贸易的发展策略

Development of Service Trade Based on the Strategy of Ocean Economy with Ningbo Cases

滕　帆　潘冬青
刘　平　朱孟进　　著

U0251287

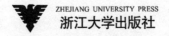
ZHEJIANG UNIVERSITY PRESS
浙江大学出版社

本书系宁波市服务外包研究中心 2011 年规划课题和宁波市软科学课题(2012A10072)的阶段性研究成果;本书还受到宁波市教育科学"十二五"重大招标课题（YZD12025）、宁波市教育科学规划课题（YGH047）、浙江省哲学社会科学规划课题（12XKGJ23）、宁波市软科学课题（2012A10001）的资助。

"区域发展与服务贸易"系列丛书
编委会名单

总 序

　　1978 年以来中国经济发展最重要的特点,是通过自下而上的改革,并由丰富多彩的地方经济所推动,先后形成了"温州模式"、"苏南模式"、"珠三角模式"、"诸城模式"等诸多发展模式,学术界对此已有大量的研究。近几年来,各区域经济的发展模式已经逐步趋同和融合,但是随着国际国内发展环境的变化,以及自身经济发展阶段的变迁,资源环境倒逼的压力不断加大。如何摆脱原有的发展路径,加快产业结构调整和区域经济转型已经成为当前的一个热点问题。

　　较之货物贸易庞大的数量和较快的增长速度而言,服务贸易在中国对外贸易发展过程中一直处于相对次要的位置,没有得到中央和地方政府足够重视。但是,这个情况自 2008 年以来正在发生转变。随着信息技术的进步以及服务业分工的细化,服务外包更是快速崛起,并成为推动跨国服务贸易最为重要的力量。

　　有趣的是,"区域发展"与"服务贸易"这两个主题在地方经济发展中正在日益融合起来。越来越多的地方政府将服务外包、服务贸易作为吸引国际新一轮产业转移、加快本地服务业集聚,推进产业结构转换的重要手段。商务部发布的统计数据显示,截至 2010 年年底,中国已经形成了 21 个有竞争力的服务外包基地城市,全国服务外包营业额突破 400 亿美元,年均增长率高达 40%,服务外包企业数量超过 1.2 万家,从业人员达到 210 万人,由服务外包直接推动的服务金额超过 150 亿美元。在缺乏市场知识积累的情况下,服务外包、服务贸易发展速度之快,地方政府接受度之高,实在是令人惊奇。

　　理论研究也要与日益变化的现实同步。"区域发展与服务贸易"系列丛书力图对这一领域进行系统研究,从理论上揭示其存在发展的内外动因,记录和分析其最新进展和主要特征,为政策制定和后续研究提供支持。丛书主要围绕三个方面展开研究:

　　一是新阶段推动区域经济转型的基本动力。丛书着重从技术创新的角度,分别分析了技术外部性下产业集群内企业的创新投入决定因素;FDI 对产业技术创新的垂直溢出效应；研发投入对区域动态比较优势的影响；信息化推动区域经济发展的机理和手段等等。同时也涉及到一些相对宏观层面的研究，比如关于国家层面经济创造力的研究；汇率变动、直接投资与技术创新关系的研究；财政转移支付体系与技术创新的研究等。通过这些宏观层面的研究可以为我们提供一个较为开阔的视野。

二是服务外包的理论分析和行业研究。丛书从发包国和承接国两个视角分析了服务外包对地方经济发展的增长、就业、税收等各方面的效应；研究了影响服务外包企业区位决策的一般因素；对软件外包、金融外包、电信外包、政府服务外包等当前比重较高的若干行业进行了专题研究。

三是区域经济发展中的案例研究。本丛书中有专门研究浙江、宁波等地的发展案例，也有对当前海洋经济背景下舟山港发展的案例分析。面临经济转型的巨大压力，各地政府都在探索转型的方向和路径。对于这些案例的剖析有助于我们了解真实世界的真实事件，获取经验，并为其他区域的转型提供借鉴。

本丛书是浙江大学宁波理工学院"区域发展与服务外包"优势特色学科建设的阶段性成果。推出本丛书的目的是期望以此为平台，不断集结这个领域的优秀研究成果，推动理论创新，对中国经济转型和服务贸易的发展贡献微薄之力。丛书得到了浙江大学出版社的支持，并列入 2011 年的出版计划，出版社编辑张琛女士为此做了大量工作，在此一并致谢。

肖 文

2011 年 7 月 1 日

前　言

　　海洋在人类生存和发展中占有极其重要的位置。海洋面积占地球总面积的71％,海洋不仅蕴藏着丰富的渔业、矿业等自然资源,更是世界各国融入全球经济体系的重要纽带。纵观人类历史,正是由于对海洋领域不断的探索和发现,对海洋资源持续的保护与开发,使得人类活动空间获得极大的拓展,人类生存质量获得极大的改善。

　　相对应地,海洋经济指的是开发利用海洋的各类产业及相关经济活动的总和。海洋经济不仅包括为开发海洋资源及空间而进行的生产活动,也包括直接或间接为开发海洋资源及空间的相关服务性产业活动。目前海洋经济呈现出七大产业形态,包括航运和通信的海洋空间利用、海洋矿产资源开发和能源利用、海洋生物资源开发利用、海洋旅游和娱乐、海上废物处理、海洋军事利用、海洋科学研究。

　　世界上许多国家都将海洋经济作为本国经济发展的重要支撑,提出了一系列的海洋经济发展规划。中国在"十一五"期间就颁布了"全国海洋经济发展规划","十二五"规划中更是明确提出要"大力发展海洋经济","坚持海陆统筹,制定并实施海洋发展战略,提高海洋开发控制综合管理能力"。2011年以来,随着《山东半岛蓝色经济区发展规划》、《浙江海洋经济发展示范区规划》、《广东海洋经济综合试验区发展规划》相继获国务院批复,这标志着中国"海洋强国战略"的全面实施,中国海洋经济正迎来黄金发展期。

　　服务贸易同样也是一个国家或地区经济发展的动力之一,不论基于宏观统计还是微观企业观察都反复印证了这一个观点。虽然从国民经济统计角度来看,海洋经济和服务贸易有一种天然的联系,因为海洋经济中的航运、旅游等行业形态同样也是服务贸易中的重要组成部分。但是本书还是进一步在海洋经济、服务贸易之外引入国民经济作为中间变量,对海洋经济、服务贸易与国民经济三者之间存在的协同发展机制进行了深入的分析。同时针对与海洋经济密切相关的五大海洋服务贸易发展,结合宁波社会经济发展实际,对如何发展海洋服务贸易进行了有益的梳理和探讨。本书的研究框架如下图所示。

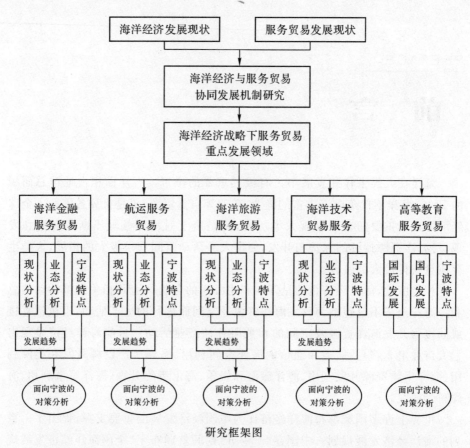

研究框架图

本书共分为六章,第一章由滕帆撰写,第二章由刘平撰写,第三章由朱孟进撰写,第四章、第五章和第六章由潘冬青撰写。滕帆对全书进行了整理和修改,并最终定稿。

在撰写过程中许多专家都给予了大力帮助。我们感谢浙江大学宁波理工学院肖文教授、樊丽淑教授、林承亮博士、孙伍琴教授的支持和指导,当然文责自负。我们感谢浙江大学出版社张琛、赵静两位编辑,没有她们的鼓励和督促也不可能有这本书的出版。

在撰写过程中我们参考了国内外大量的相关研究,许多文献仅在参考文献中列出,在此谨表衷心感谢。同时由于本书研究的前沿性,还有很多不当与纰漏之处,敬请各位专家学者批评指正。

滕 帆 谨识

2012 年 9 月 25 日

CONTENTS

目 录

海洋经济与服务贸易协同发展研究

本章对国际海洋经济和服务贸易发展现状及其特点进行了归纳总结,利用相关统计数据对海洋经济与服务贸易的协同发展机制进行定量和定性分析,并结合对《浙江省海洋经济发展示范区》的分析,提出了浙江省(包括宁波市)在海洋经济战略下应该重点发展的服务贸易方向。

一、海洋经济发展现状研究

(一)海洋经济发展的国际比较

近代以来,多数经济体的强国之路就是发展海洋经济,围绕海洋进行广泛的科学研究,通过海洋从事全球性的国际贸易,依托海洋建立保护自身的国家安全体系,这些都为本国的经济腾飞提供了可靠而快速的发展路径。

随着经济转型和升级的要求,近年来许多国家再次将目光聚焦于海洋经济,对于海洋资源的深层次开发逐渐受到各国政府的重视,全球海洋经济产值由 1980 年的不足 2500 亿美元迅速上升到了 2005 年的 1.7 万亿美元,海洋经济对全球 GDP 的贡献率达到了 4%。[①] 下面我们将结合储永萍等(2009)、黄永明等(2012)的相关论述对世界主要海洋强国的发展经验进行比较分析。

1. 美国

美国十分重视海洋经济发展战略的规划和实施。1966 年美国国会通过了《海洋资源与工程开发法》,要求成立相关委员会对美国的海洋问题进行全面审议,并于三年之后提交了《我们的国家与海洋》报告,为美国海洋经济发展奠定了坚实的调研基础。1999 年美国成立了国家海洋经济计划国家咨询委员会,启动了"国家海洋经济计划"。2000 年美国国会通过了《海洋法令》,提出了国家海洋政策的制定原则:有利于促进对生命与财产的保护、海洋资源的可持续利用;保护海洋环境、防治海洋污染、加深人类对海洋环境的了解;加大技术投资、促

---

① 储永萍,蒙少东. 发达国家海洋经济发展战略及对中国的启示. 湖南农业科学,2009(8).

进能源开发等,以确保美国在国际事务中的领导地位。2004 年该委员会提交了名为《21 世纪海洋蓝图》的国家海洋政策报告,并随后公布了《美国海洋行动计划》,提出了具体的落实措施。

美国在海洋经济发展中还非常重视海洋产业的市场化建设,确保市场在资源配置中的核心作用。美国政府采取了一系列的措施加速海洋产业研究成果的商品化过程,注重和私营企业主合作,将海洋经济发展一切可调动的因素联系到一起,保证了开发推广的资源、资金、服务和市场。通过建立完善的海洋产业技术转让机制,提高了科研成果上市的速度,也为陆地产业涉海创造了条件。

2. 日本

日本在海洋经济发展中十分强调"规划先行",日本是最早制定海洋经济发展战略的国家之一。1961 年,日本成立了海洋科学技术审议会,提出了发展海洋科技的指导计划。2005 年,日本海洋政策研究财团向日本政府提交了《海洋与日本:21 世纪海洋政策建议书》,建议,日本政府尽早制定和完善海洋法律法规。根据这一建议,日本于 2006 年制定了《海洋政策大纲》,并在 2007 年通过了《海洋基本法》。日本政府根据《海洋基本法》的规定于 2008 年制定了《海洋基本计划草案》。该《草案》细化了《海洋基本法》的相关理念内容,列出了实施海洋政策政府应采取的综合而规范的措施,并提出了切实推进海洋政策的必要措施,将日本海洋经济发展的规划通过法律形式规范化。

目前日本海洋经济发展具有三个特点:其一是海洋经济区域已经形成,并以大型港口城市为依托,以海洋技术进步、海洋产业高度化为先导,以拓宽经济腹地范围为基础,形成了关东广域地区集群、近畿地区集群等 9 个地区集群。其二是海洋开发向纵深发展,已形成近 20 种海洋产业,如沿海旅游业、港口及运输业、海洋渔业、海洋土木工程、船舶修造业、海底通信电缆制造与铺设、海水淡化等,构筑起新型的海洋产业体系。其三是海洋相关经济活动急剧扩大,形成了包括科技、教育、环保、公共服务等的海洋经济发展支撑体系。

3. 英国

英国在海洋经济发展中非常强调法律的核心作用,通过立法去规范政府和市场行为,通过立法去鼓励企业的相关创新。英国政府采用分门别类的法规系统限定海洋开发行为,包括了涉及 200 海里专属经济区的海洋权益法规、国会颁布的涉足海岸带资源开发利用的有关法规、地方性法规以及政府各部委发布的法规章程四种类型。

英国在发展海洋经济中形成了符合自身情况且运转高效的行政管理体系。在管理机构设置方面,英国根据其管理和开发的不同类型,将具体工作分配给能源部、工业部、国防部、环境部、农渔粮食部、科学教育部、工程和物理科学研究委员会及自然环境委员会等部门来协调管理,同时成立了海洋科学技术协调委员会,负责协调各部门和企业公司之间以及和研究机构之间的协调关系。在行政管理模式方面,英国政府对海洋资源实施行政许可证的管理模式,对于任何形式的海洋资源的开发利用都需要同时取得政府发放的允许开发许可证和作为产权所有者发放的有偿租赁许可证,并严格按照许可证规定的开发项目及期限进行。

英国还制定了海洋科技预测计划,成立了海洋科学技术协调委员会,通过改组研究机构,建立政府、科研机构和产业部门三位一体的联合开发体制,从制度上确保科技投入,实现英国海洋科技的发展。

4. 韩国

韩国作为海洋经济发展的后起之秀,其发展经验同样具有很强的借鉴意义。韩国发展海洋经济的动作非常迅速,1996 年韩国组建海洋水产部,统管除海上缉私外的全部海洋事务;2000 年韩国颁布海洋开发战略《海洋政策——海洋韩国 21》。

另外,韩国发展海洋经济的目标十分明确。在海洋经济总量方面海洋产业增加值占 GDP 的比重在 2030 年增加至 11.3% 以上。在海洋产业目标方面有七大特定目标:创造尖端海洋产业;创造海洋文化空间;将韩国在世界海洋市场的占有率提升至 4% 以上;成为世界第五位的全球海洋储运强国;成为海洋水产大国;成为具有实用化技术的海洋强国;成为人类与海洋系统生态共存的典型海洋国家。

5. 简要总结

通过上述海洋强国的发展经验总结与比较,我们认为中国海洋经济发展应重点借鉴以下三点经验:

"制度先行":各国在海洋经济发展过程中一般都先进行范围广泛但具体细致的海洋调研,对本国的海洋资源、海洋产业发展现状、海洋环境等重要数据进行多维度的科学分析,并在此基础上制定和实施具备重大指导作用的相关法律、法规、规划。因此,上述国家在海洋经济发展过程中,其决策依据充分科学,过程严谨求实,目标清晰明确,在制度层面最大限度地保证了实施效果的可测可控。

"市场主导":海洋经济可持续发展需要市场体系的建设和完善,通过市场配置海洋资源,通过市场调节海洋产业的需求和供给。政府的各类鼓励和支持政策也必须借助于市场手段来实施。海洋经济发展虽然体现了国家和政府的主管意愿,但其成功仍然要依靠市场选择,因此海洋经济发展必须尊重市场规律,让市场成为海洋经济发展的主导力量。

"全民动员":政府应该意识到海洋经济开发的重要性,加强舆论宣传,普及海洋经济知识,宣传海洋文化,树立新的海洋价值观。让社会重视海洋,提升全民参与海洋经济发展的内在动力。

(二)中国海洋经济发展的现状分析

1. 海洋经济总量不断攀升

近年来中国海洋经济总量已经达到了较高的水平,2009 年中国沿海主要省(自治区、直辖市)的海洋生产总值超过 3.2 万亿元。如果将情况较为特殊的直辖市(上海和天津)进行剔除,沿海省(自治区)的海洋经济总量也达到了 2.6 万亿元,海洋生产总值占地区生产总值的比重超过 14%,这一指标已接近海洋经济较为发达的国家或地区(各省、自治区、直辖市数据见表 1-1)。

中国区域性海洋经济总量增速也呈现出稳步提升的态势。以浙江省为例,2004 年海洋产业增加值为 762.37 亿元,而 2010 年就提高到 2130.44 亿元,其年均复合增长率达到了 18.7% 的高水平。海洋产业增加值占地区生产总值的比重也从 2004 年的 6.5% 提高至 2010 年的 7.7%,提高了 1.2 个百分点。[①]

不过需要指出的是,中国海洋经济总量分配还存在较为明显的区域性差异。以表 1-1 为例,在剔除掉上海和天津两直辖市之后,广东、山东和浙江的海洋经济总量占到了所有沿海省(自治区)总量的 61% 以上,而广东海洋经济总量是广西的 15 倍。这说明中国海洋经济还有很大的发展空间。

表 1-1　全国区域性海洋经济总量分布(2009 年)

省份	海洋生产总值 (亿元)	地区生产总值 (亿元)	海洋生产总值占地区生产总值比重(%)
广东	6661.0	39081.6	17.04
山东	5820.0	33805.3	17.22
上海	4204.5	14900.9	28.22
浙江	3392.6	22832.4	14.86
福建	3202.9	11949.5	26.80
江苏	2717.4	34457.3	7.89
辽宁	2281.2	15065.6	15.14
天津	2158.1	7500.8	28.77
河北	922.9	17026.6	5.42
海南	473.3	1646.6	28.74
广西	443.8	7700.3	5.76

资料来源:根据《中国海洋经济年鉴 2010》相关数据整理而成。

---

① 资料来源:浙江省统计局.浙江海洋经济发展研究.2012.2,http://www.zj.stats.gov.cn/col/col281/index.html.

2.各层级战略性规划稳步推进

2011 年以来,《山东半岛蓝色经济区发展规划》《浙江海洋经济发展示范区规划》《广东海洋经济综合试验区发展规划》三个国家级战略规划相继获批。同时江苏、上海、河北、福建等沿海省份都相继完成了区域性海洋经济发展规划。全国沿海地区已经形成了你追我赶、加快发展海洋经济的新格局(见表 1-2)。

表 1-2　沿海地区海洋经济发展规划比较

规划层级	实施区域	主　要　内　容
国家战略性规划	山东（山东半岛蓝色经济区发展规划）	实施建设"海上山东"战略,以半岛蓝色经济区为龙头,依托海洋科技教育优势,力争建设有较高国际竞争力的现代海洋产业集聚区。
	浙江（浙江海洋经济发展示范区规划）	坚持以海引陆、以陆促海、海陆联动、协调发展,注重发挥不同区域的比较优势,优化形成重要海域基本功能区,推进构建"一核两翼三圈九区多岛"的海洋经济总体发展格局,并建成中国重要的大宗商品国际物流中心、海洋海岛开发开放改革示范区、现代海洋产业发展示范区、海陆协调发展示范区、海洋生态文明和清洁能源示范区。
	广东（广东海洋经济综合试验区发展规划）	广东海洋经济综合试验区建设主要依托位居全国首位的海洋经济总量优势,争取在区域开放合作、海洋科技研发和现代海洋服务业等方面打造综合优势。
区域性规划	辽宁	实施沿海经济带"五点一线"的发展战略,打造以装备制造业、石化产业、冶金产业、船舶制造业以及高新技术产业为重点的沿海产业布局,实现老工业基地的振兴和产业转移。
	河北	加快沿海地区开发开放,以秦皇岛、唐山、沧州等环渤海地区为重点,充分挖掘和利用沿海区位优势,实现人口、产业向沿海区域的集聚,建设沿海经济隆起带。
	天津	全面推进滨海新区开发建设,以沿海岸线和海滨大道这一"海洋经济发展带"为重点,大力发展海洋石油化工业、海洋高端装备制造业、海洋现代服务业等产业,以"滨海速度"带动海洋经济快速发展。

续表

规划层级	实施区域	主　要　内　容
区域性规划	江苏	以实施沿海地区发展规划为契机,加快连云港、盐城和南通等沿海城市建设,集中布局临港产业,形成功能清晰的沿海产业和城镇带,逐步实现从沿江开发向江海互动开发的转变。
	上海	围绕国际航运中心建设,打造集国际重要的船舶及配套设备研发制造、国内海洋工程与装备研发制造以及国内海洋科技人才和海洋信息服务为一体的三大基地体系,实现海洋经济产业升级。
	福建	提出构建海峡西岸经济区,积极推进全国海洋经济发展试点工作,加强海洋生物、能源、海水等海洋资源的综合开发,努力建设海峡西岸蓝色经济试验区。
	广西	积极推进北部湾经济区建设,促进海陆经济联动发展,努力把沿海优势、区位优势、港口优势转化为后发优势和经济优势。
	海南	实施"以海兴岛"战略,主打海洋旅游业,以建设中国最大的海洋旅游中心、世界一流的海洋度假休闲旅游胜地为目标,注重海洋生态保护,在此基础上加大调整产业结构力度,发展海洋油气、交通运输等其他产业。

资料来源:黄志明等:《国际海洋经济战略与宁波发展路径研究》,浙江大学出版社 2012 年版。

二、服务贸易发展现状研究

(一)服务贸易发展的国际比较

本节将服务贸易分别做两个层面的国别分析:其一是将世界服务贸易总量进行整体性分析;其二是选取中国、巴西、法国、德国、印度、日本、韩国、俄罗斯、南非、英国、美国等 11 个典型性国家,按照经济发达程度分类为发达经济体(法国、德国、日本、英国、美国)和新兴经济体(中国、巴西、印度、韩国、俄罗斯、南非)进行国别比较。

1. 服务贸易总量增长迅速

世界服务贸易总量不管从绝对规模还是从相对规模都有了较大幅度的增长。在绝对规模方面,世界服务贸易出口总额从 1982 年的 4032 亿美元提高到 2010 年的 3.8 万亿美元,年均复合增长率超过 8%;世界服务贸易进口总额从

1982 年的 4437 亿美元提高到 2010 年的 3.6 万亿美元,年均复合增长率为 7.5%（见图 1-1）。服务贸易的出口与进口增长速度均高出全球 GDP 年均复合增长速度（5.8%）两个百分点左右。

我们将服务贸易进出口总额占 GDP 的比重作为衡量服务贸易相对规模的指标（见图 1-2）。结果发现世界服务贸易进出口总额占 GDP 的比重从 20 世纪 80 年代的 7% 抬升至当前的 12% 左右,因此其相对规模也呈现出明显的上升态势。

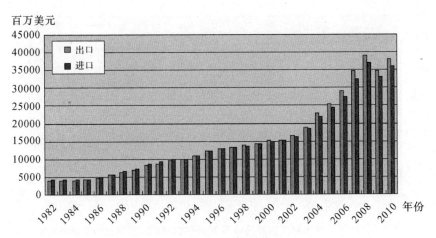

图 1-1 世界服务贸易绝对规模

资料来源:联合国贸易与发展会议数据库（UNCTAD，UNCTADstat）并自行整理。

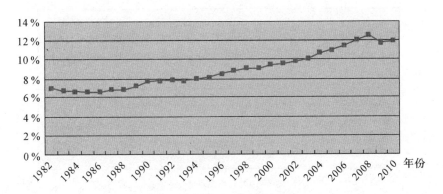

图 1-2 世界服务贸易相对规模

资料来源:联合国贸易与发展会议数据库（UNCTAD，UNCTADstat）并自行整理。

2. 服务贸易版图"此消彼长"

接下来我们重点分析发达经济体（法国、德国、日本、英国、美国）和新兴经济体（中国、巴西、印度、韩国、俄罗斯、南非）的服务贸易发展现状。中国、美国等上述 11 国的服务贸易出口总额与进口总额均占到全球的 50％左右,因此这些国家具备了非常好的典型性。

如果我们将发达经济体和新兴经济体的服务贸易出口额(或进口额)与世界的服务贸易出口额(或进口额)进行比较(见图 1-3、图 1-4),发现发达经济体份额虽然规模仍然占绝对优势,但比重却不断下降;相应地,新兴经济体的规模虽然还较小,但比重却持续攀升。这说明世界服务贸易版图出现了典型的"此消彼长"的发展态势。

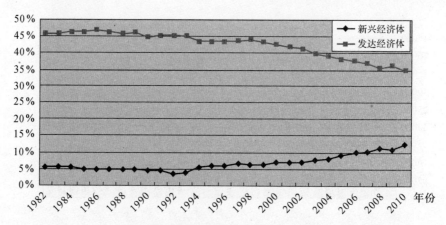

图 1-3 新兴经济体和发达经济体服务贸易出口额占世界出口总额的比重
资料来源:联合国贸易与发展会议数据库(UNCTAD, UNCTADstat)并自行整理。

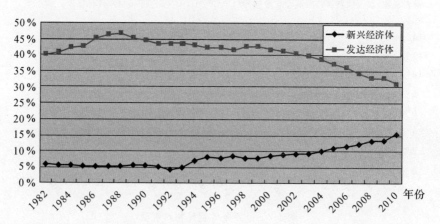

图 1-4 新兴经济体和发达经济体服务贸易进口额占世界进口总额的比重
资料来源:联合国贸易与发展会议数据库(UNCTAD, UNCTADstat)并自行整理。

3. 服务贸易重要性"不分伯仲"

我们计算新兴经济体和发达经济体的服务贸易出口额(或进口额)占当年

GDP 总额的比重,将其作为经济体中服务贸易重要性的统计指标,具体数据如图 1-5 和图 1-6 所示。

结果发现,不管是从出口层面还是进口层面,新兴经济体和发达经济体的服务贸易重要性在进入 21 世纪后已不分伯仲,都成为影响国民经济发展的重要因素。

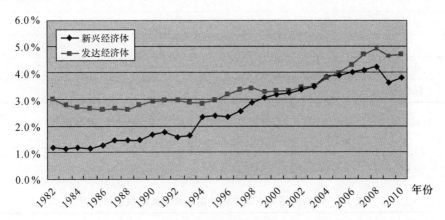

图 1-5　服务贸易出口额占 GDP 的比重

资料来源:联合国贸易与发展会议数据库(UNCTAD, UNCTADstat)并自行整理。

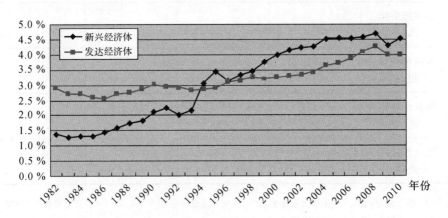

图 1-6　服务贸易进口额占 GDP 的比重

资料来源:联合国贸易与发展会议数据库(UNCTAD, UNCTADstat)并自行整理。

4. 服务贸易增速显著相关但差异明显

我们计算新兴经济体和发达经济体在服务贸易进出口方面在 1082 年至 2010 年期间的年度增长速度,描述性统计如表 1-3 所示。结果显示,新兴经济体的出口和进口速度均值维持在 12%～13% 之间,发达经济体的出口和进口速度则为 7%～8%。同时新兴经济体的增长速度明显快于发达经济体。

表 1-3 　新兴经济体和发达经济体年度增速的描述性统计 　（单位:%）

	新兴经济体出口	发达经济体出口	新兴经济体进口	发达经济体进口
观测年度	28	28	28	28
均值	12.56	7.50	12.62	7.00
中位数	12.17	6.97	14.13	6.25
最大值	54.47	19.36	55.45	20.90
最小值	−17.47	−9.68	−15.84	−10.43
标准差	14.66	6.80	14.95	6.82

资料来源:联合国贸易与发展会议数据库(UNCTAD, UNCTADstat)并自行整理。

应用相关分析(结果如表 1-4 所示),我们发现,不管是出口还是进口,不管是新兴经济体还是发达经济体,其年度增长速度都具有显著的相关性。

表 1-4 　新兴经济体和发达经济体年度增速的相关性分析

相关系数	新兴经济体出口	发达经济体出口	新兴经济体进口	发达经济体进口
新兴经济体出口	1			
发达经济体出口	0.530 (3.186***)	1		
新兴经济体进口	0.952 (15.860***)	0.475 (2.755**)	1	
发达经济体进口	0.495 (2.906***)	0.936 (13.551***)	0.4560 (2.613**)	1

注:括号内为 t 值,＊表示显著程度为 10%,＊＊表示显著程度为 5%,＊＊＊表示显著程度为 1%。
资料来源:联合国贸易与发展会议数据库(UNCTAD, UNCTADstat)并自行整理。

(二)中国服务贸易发展的现状分析

1. 规模呈现出指数型增长态势

中国服务贸易进出口总额从 1982 年的 44 亿美元迅猛抬升至 2010 年的 3624 亿美元,年平均复合增长率高达 16.43%。这一增长速度不仅远远高于世界平均水平的 5.8%,更高于新兴经济体的 12%。从图 1-7 可以看出,中国服务贸易进出口都呈现出典型的指数型增长态势。

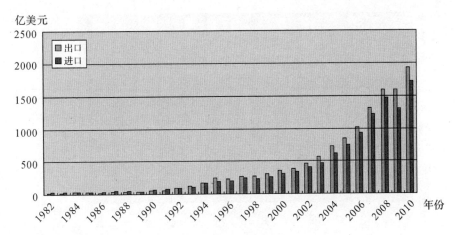

图 1-7　中国服务贸易进出口额

资料来源:中华人民共和国商务部:《中国服务贸易统计 2011》。

2. 结构渐趋合理

从服务贸易出口结构(如图 1-8 所示)可以看出,中国服务贸易出口中占有较大比重的是运输和旅游,金融服务贸易虽然比重还非常小但增速较快。从服务贸易进口结构(如图 1-9 所示)可以看出,其结构在近年来基本呈现出较为稳定的态势。因此中国服务贸易虽然还有很多失衡之处,但总体看还是趋向于合理发展。

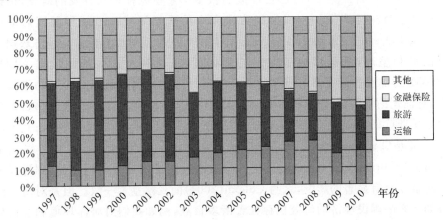

图 1-8　中国服务贸易出口结构

资料来源:中华人民共和国商务部:《中国服务贸易统计 2011》。

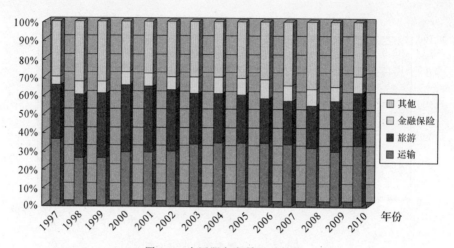

图 1-9　中国服务贸易进口结构

资料来源：中华人民共和国商务部：《中国服务贸易统计 2011》。

三、海洋经济与服务贸易协同发展的机制研究

(一)研究思路与统计检验

1. 研究思路

作为一种自然禀赋，海洋已经成为很多国家争相保护和开发的对象，由此而衍生的海洋经济发展也成为经济研究中的重要领域。1999 年美国启动的 National Ocean Economics Program（NOEP）项目就对世界性海洋经济数据进行汇集和整理，从而形成了庞大的数据库，正是利用这些基础数据 NEOP (2005) 对加利福尼亚州的海洋经济规模进行了国民经济统计意义上的细致测算，对加州的沿海建筑业(coastal construction)、生活资源(living resources)、离岸采矿业(offshore minerals)、造船业(ship and boat building and repair)、海洋运输和港口业(maritime transportation and ports)以及沿海旅游与娱乐业(coastal tourism and recreation)等六个方面进行了统计分析，并观察到海洋经济对就业具有显著的影响，这与 Colgan(2004)的观察基本一致。但是对海洋经济如何影响国民经济的研究仍存在着诸多盲点，例如我们对海洋环境和经济变化所知甚少，但这些变化却显著地影响到世界经济，因此 Kildow et al. (2010) 通过估计海洋经济对于国民经济的贡献进而论证了海洋经济对于国民经济的重要影响。同时 Morrissey et al. (2012)从国别角度实证分析了爱尔兰海洋经济与经济发展之间的关系，结果发现海洋经济对国民经济存在着显著的地区差异，海洋经济发展较好的地区其生产效率也明显提升。

　　服务贸易同样也是一个国家或地区经济发展的动力之一，许多文献都对服务贸易与国民经济之间的关系进行了有益的探讨。Romer(1987)、Rivera-Batiz et al.(1991)已经开始建模讨论国际服务贸易如何推动经济增长。近年来许多学者基于企业数据从国别角度分析，Breinlich et al.(2011)讨论了英国的情况，Kelle et al.(2010)讨论了德国的情况，Gaulier et al.(2010)讨论了法国的情况，Federico et al.(2010)讨论了意大利的情况。上述宏观和微观分析的结论都支持服务贸易能够促进经济的发展。

　　虽然从国民经济统计角度来看，海洋经济和服务贸易有一种天然的联系，因为海洋经济中的航运、旅游等行业形态同样也是服务贸易中的重要组成部分。但是本文将在海洋经济、服务贸易之外引入国民经济作为中间变量，讨论海洋经济、服务贸易与国民经济三者之间可能存在的间接的协同发展机制。简言之，本文所研究的主要三个命题为：

　　命题 1：海洋经济是否是一国（或地区）国民经济发展的必然之选。

　　命题 2：服务贸易与国民经济之间是否存在协同发展关系，即服务贸易推动国民经济的增长；另一方面国民经济增长也带动了服务贸易的发展。

　　命题 3：中国海洋经济与服务贸易之间存在何种协同发展模式。

　　2. *数据来源与整理*

　　本节所用数据分为三类：其一是各国或地区的国民经济数据，如 GDP、人均GDP；其二是海洋发展的指征性数据，我们采用的是班轮连接性指数[①]（Liner Shipping Connectivity Index，LSCI）；其三是服务贸易统计数据，如服务贸易进口额、服务贸易出口额。上述数据涵盖了全球 200 余个国家或地区，其具体情况及其整理见表 1-5。上述数据均来自"联合国贸易与发展会议"（UNCTAD）提供的 UNCTADstat 数据库[②]。

---

　　① 班轮连接性指数是由 5 个组成部分计算得出：(1)船舶数量；(2)这些数量的船舶的 20 英尺标准集装箱(TEUs)的承载能力；(3)公司的数量；(4)班轮业务的数量；(5)最大型船舶规模，通常指的是分配给一个国家的港口，为其提供班轮运输服务的船舶。联合国贸易和发展会议(UNCTAD)公布的班轮运输相关性指数(LSCI)旨在通过测量班轮运输的相关性指数来了解一个国家在现有的班轮运输网络中的整合水平[资料来源：徐剑华、王静亚(2007)]。

　　② 数据库网址，http://unctadstat.unctad.org/ReportFolders/reportFolders.aspx。

表 1-5　数据说明与整理

变量名称	经济含义	单位	观测年度	国家或地区数量	数据整理说明
GDP/lnGDP	一国或地区的国民经济规模指标	百万美元	1982—2011	238	1. 由于 2011 年度 GDP 大多为估计值,故剔除 2. 对数化处理,生成无量纲时间序列 lnGDP
PGDP	一国或地区的人均 GDP	美元	1982—2011	238	由于 2011 年度 PGDP 大多为估计值,故剔除
LSCI	班轮连接性指数		2004—2011	155	剔除无数据和内陆国家或地区后共有 155 个国家和地区
IMP/lnIMP	一国或地区的服务贸易进口额	百万美元	1982—2010	11[①]	对数化处理,生成无量纲时间序列 lnIMP
EXP/lnEXP	一国或地区的服务贸易出口额	百万美元	1982—2010	11	对数化处理,生成无量纲时间序列 lnEXP

资料来源:自行整理。

3. 描述性统计

由于文中数据均为面板数据,限于篇幅原因仅提供中国各变量的描述性统计量(如表 1-6 所示),其他国家暂时略去。[②]

表 1-6　描述性统计

变量名称	观测年数	均值	中位数	最大值	最小值	标准差
lnGDP	29	13.73	13.70	15.56	12.60	0.93
LSCI	8	126.84	130.16	152.06	100.00	18.18
lnIMP	29	9.78	10.14	12.17	7.60	1.53
lnEXP	29	9.80	9.93	12.05	7.82	1.35

资料来源:自行整理。

---

① 由于重点观察的是海洋经济发展较好且服务贸易总量较大的国家,在此仅选取中国、巴西、法国、德国、印度、日本、韩国、俄罗斯、南非、英国、美国等 11 个国家。

② 对相关数据有兴趣的读者可以直接向著者索取,联络方式为 fteng@nit.zju.edu.cn。

4．单整检验

由于文中数据均为面板数据且限于篇幅，我们仅对中国、巴西、法国、德国、印度、日本、韩国、俄罗斯、南非、英国、美国等 11 个国家的 lnGDP、lnIMP、lnEXP 等三个时间序列分别进行单整检验。由于 LSCI 只有 8 个年度的观测值，并不适宜做单整检验，故舍去。检验结果如表 1-7 所示，我们发现 lnGDP、lnIMP 和 lnEXP 均为一阶单整过程，初步显示三者之间可能会存在长期稳定的协整关系。

表 1-7　单整检验

国家	变量名称	原数据 ADF 检验	一阶差分 ADF 检验	两阶差分 ADF 检验
中国	lnGDP	−1.42	−5.16***	−6.33***
	lnIMP	−2.54	−5.79***	−9.58***
	lnEXP	0.54	−5.22***	−8.33***
巴西	lnGDP	−2.19	−2.51**	−6.39***
	lnIMP	−2.51	−5.35***	−5.85***
	lnEXP	1.47	−6.53***	−5.19***
法国	lnGDP	−1.62	−3.89**	−6.34***
	lnIMP	−1.69	−3.85**	−6.20***
	lnEXP	−0.97	−3.79***	−5.71***
德国	lnGDP	−1.45	−3.93**	−5.56***
	lnIMP	−1.60	−4.43***	−6.21***
	lnEXP	0.10	−3.84***	−5.86***
印度	lnGDP	0.22	−4.35***	−7.58***
	lnIMP	−1.67	−5.11***	−7.25***
	lnEXP	2.31	−3.24**	−4.84***
日本	lnGDP	−1.89	−3.72**	−6.77***
	lnIMP	−1.23	−3.43*	−5.99***
	lnEXP	−0.46	−4.23***	−7.12***
韩国	lnGDP	−1.54	−4.30**	−5.65***
	lnIMP	−1.75	−3.72**	−5.71***
	lnEXP	0.39	−4.59***	−6.80***

续表

国家	变量名称	原数据 ADF 检验	一阶差分 ADF 检验	两阶差分 ADF 检验
俄罗斯	lnGDP	−0.26	−3.83**	−5.68***
	lnIMP	−1.40	−4.75***	−7.47***
	lnEXP	0.30	−3.57**	−6.00***
南非	lnGDP	−2.67	−3.77**	−5.38***
	lnIMP	−2.24	−3.98**	−6.06***
	lnEXP	0.20	−3.97***	−6.65***
英国	lnGDP	−2.67	−3.78**	−5.71***
	lnIMP	−1.08	−3.61*	−7.77***
	lnEXP	−0.40	−4.67***	−6.84***
美国	lnGDP	−1.66	−4.48***	−5.41***
	lnIMP	−2.65	−5.57***	−9.78***
	lnEXP	−1.27	−4.04***	−7.93***

注：* 表示10%统计显著程度，** 表示5%统计显著程度，*** 表示1%统计显著程度。检验方法为含截距项和趋势项的 ADF 检验。

(二)海洋经济对国民经济影响的实证分析

1. 海洋经济对国民经济总量的影响

我们将 LSCI 作为指征海洋经济发展水平的自变量、以国民经济总量指标 lnGDP 为因变量，分别利用 2009 年和 2010 年数据进行截面回归，2010 年回归结果为

$$lnGDP = 8.92 + 0.065LSCI$$
$$(44.67^{***}) \quad (11.00^{***})$$
$$R^2 = 0.44, R^2 - adj. = 0.43, F = 120.93^{***}$$

2009 年回归结果为

$$lnGDP = 8.85 + 0.068LSCI$$
$$(44.87^{***}) \quad (11.01^{***})$$
$$R^2 = 0.44, R^2 - adj. = 0.44, F = 121.27^{***}$$

通过回归结果可以发现，海洋经济发展水平对该国或地区的国民经济总量具有非常显著的影响。

2. 海洋经济发展对经济体富裕程度的影响

我们依照 LSCI 是否大于 10 的标准将 155 个国家或地区[①]分为两类,在双样本异方差假设下进行 t 检验,结果如表 1-8 所示。结果表明一国或地区的海洋经济发展程度对富裕程度并没有显著的影响。

表 1-8 双样本异方差 T 检验结果

t 检验:双样本异方差假设	2010 年		2009 年	
	LSCI 低于 10 的国家或地区	LSCI 高于 10 的国家或地区	LSCI 低于 10 的国家或地区	LSCI 高于 10 的国家或地区
平均值	13854.07	15383.86	12775.44	14794.77
标准差	20527.57	15941.94	19087.31	15612.19
观测值	74	80	74	80
t 统计量	-0.51		-0.72	
$P(T{\leqslant}t)$ 单尾	0.30		0.24	
t 单尾临界	1.66		1.66	
$P(T{\leqslant}t)$ 双尾	0.61		0.48	
t 双尾临界	1.98		1.98	

3. 中国海洋经济发展质量分析

我们选取中国、巴西、法国、德国、印度、日本、韩国、俄罗斯、南非、英国、美国等 11 个国家的 lnGDP 和 LSCI 构造为面板数据并进行分析,其整体回归结果如表 1-9 所示。从上述 11 个国家情况来看,再次验证了海洋经济发展的确对国民经济有促进作用。

表 1-9 整体回归结果

参数检验:			
变量	系数	t 值	概率
C	12.981	39.747	0
LSCI	0.024	7.485	0
整体检验:			
R^2	0.396	DW 值	0.541
R^2-adj	0.389	F 值	56.421***

---

① 在 155 个具有 LSCI 的国家或地区中因 Tokelau 没有 GDP 数据而将其剔除,所以 t 检验中只有 154 个样本。

同时 11 个国家的随机效应系数及其排名如表 1-10 所示,结果显示,美、日两国海洋经济发展对国民经济的影响程度较高,也意味着两国的海洋经济发展水平处于领先位置;俄罗斯、巴西、法国、印度、德国、英国等国家的海洋经济发展也处于较高水平;中国海洋经济发展与上述国家相比还有较大的差距。

表 1-10　海洋经济发展的随机效应分析

国　别	随机效应系数	排　名
美国	1.4364	1
日本	0.8218	2
俄罗斯	0.5897	3
巴西	0.3934	4
法国	0.0930	5
印度	0.0485	6
德国	−0.0510	7
英国	−0.2561	8
中国	−0.8663	9
南非	−1.0958	10
韩国	−1.1136	11

4. 基本结论

由于海洋很大程度上是一种自然禀赋,一个国家或地区的国民经济发展不一定必然依赖海洋经济,但是作为拥有丰富海洋资源的国家,发展海洋经济则是推动整体经济发展的必然选择。这可以解释为什么海洋经济发展对一国或地区的人均 GDP(富裕程度)没有太多影响,但是海洋经济却对整体国民经济发展具有显著的推动作用。此外中国海洋经济与美国、日本等发达国家相比还存在较大差距。因为作为拥有众多海洋资源的中国,选择发展海洋经济是合理的,也是必然的。

(三)服务贸易对国民经济影响的实证分析

1. 协整检验

我们对中国、巴西等 11 个国家的 lnGDP、lnIMP 和 lnEXP 进行协整检验,如表 1-11 所示。结果发现中国、巴西、韩国等 3 个国家有统计证据证明三者之间存在一个协整关系,其他国家均没有充分的证据表明三者之间有协整关系。

表 1-11　协整检验

国别	原假设	特征根	迹统计量	5%临界值	概率	检验结论
中国	None*	0.6051	33.0390	29.7971	0.0204	存在一个协整关系
	At most 1	0.2536	7.9500	15.4947	0.4708	
	At most 2	0.0019	0.0521	3.8415	0.8194	
巴西	None*	0.6051	33.0390	29.7971	0.0204	存在一个协整关系
	At most 1	0.2536	7.9500	15.4947	0.4708	
	At most 2	0.0019	0.0521	3.8415	0.8194	
法国	None	0.4969	26.8715	29.7971	0.1048	不存在协整关系
	At most 1	0.2593	8.3250	15.4947	0.4313	
	At most 2	0.0081	0.2194	3.8415	0.6395	
德国	None	0.3612	21.7359	29.7971	0.3134	不存在协整关系
	At most 1	0.2622	9.6374	15.4947	0.3097	
	At most 2	0.0514	1.4257	3.8415	0.2325	
印度	None	0.4421	25.0957	29.7971	0.1581	不存在协整关系
	At most 1	0.2803	9.3395	15.4947	0.3349	
	At most 2	0.0169	0.4600	3.8415	0.4976	
日本	None	0.4088	20.5449	29.7971	0.3866	不存在协整关系
	At most 1	0.2064	6.3530	15.4947	0.6538	
	At most 2	0.0041	0.1113	3.8415	0.7387	
韩国	None*	0.6490	41.4255	29.7971	0.0015	存在一个协整关系
	At most 1	0.3562	13.1573	15.4947	0.1092	
	At most 2	0.0459	1.2690	3.8415	0.2599	
俄罗斯	None	0.3431	19.6664	29.7971	0.4457	不存在协整关系
	At most 1	0.2587	8.3203	15.4947	0.4318	
	At most 2	0.0088	0.2382	3.8415	0.6255	
南非	None	0.2866	13.3586	29.7971	0.8745	不存在协整关系
	At most 1	0.1361	4.2410	15.4947	0.8831	
	At most 2	0.0107	0.2909	3.8415	0.5897	
英国	None	0.3260	19.1468	29.7971	0.4824	不存在协整关系
	At most 1	0.2157	8.4961	15.4947	0.4140	
	At most 2	0.0692	1.9373	3.8415	0.1640	
美国	None	0.3141	20.5800	29.7971	0.3843	不存在协整关系
	At most 1	0.2156	10.4005	15.4947	0.2512	
	At most 2	0.1327	3.8435	3.8415	0.0499	

2. 格兰杰因果检验

根据协整检验结果,对中国、巴西和韩国分别进行格兰杰因果检验(见表

1-12),结果显示有足够的证据表明：

中国:服务贸易出口是 GDP 的格兰杰原因；

巴西:服务贸易出口是 GDP 的格兰杰原因,同时 GDP 是服务贸易进口的格兰杰原因；

韩国:GDP 是服务贸易出口的格兰杰原因。

表 1-12　格兰杰因果检验

国别	原　假　设	观测量	F 值	概率
中国	服务贸易进口不是 GDP 的格兰杰原因	27	2.330	0.121
	GDP 不是服务贸易进口的格兰杰原因		0.036	0.964
	服务贸易出口不是 GDP 的格兰杰原因	27	7.466	0.003
	GDP 不是服务贸易出口的格兰杰原因		0.130	0.879
	服务贸易出口不是服务贸易进口的格兰杰原因		2.780	0.084
	服务贸易进口不是服务贸易出口的格兰杰原因		0.593	0.561
巴西	服务贸易进口不是 GDP 的格兰杰原因	27	2.096	0.147
	GDP 不是服务贸易进口的格兰杰原因		4.345	0.026
	服务贸易出口不是 GDP 的格兰杰原因	27	3.831	0.037
	GDP 不是服务贸易出口的格兰杰原因		0.120	0.888
	服务贸易出口不是服务贸易进口的格兰杰原因		1.197	0.321
	服务贸易进口不是服务贸易出口的格兰杰原因		0.057	0.945
韩国	服务贸易进口不是 GDP 的格兰杰原因	27	0.067	0.935
	GDP 不是服务贸易进口的格兰杰原因		2.441	0.110
	服务贸易出口不是 GDP 的格兰杰原因	27	0.235	0.793
	GDP 不是服务贸易出口的格兰杰原因		3.937	0.035
	服务贸易出口不是服务贸易进口的格兰杰原因		1.548	0.235
	服务贸易进口不是服务贸易出口的格兰杰原因		0.025	0.975

3. 基本结论

如果我们将上述 11 个国家按照经济发展程度分为两类:发达经济体(包括美国、日本、法国、德国、英国)和新兴经济体(中国、俄罗斯、巴西、印度、南非、韩国),并结合协整检验和格兰杰因果检验,可以发现:

(1)服务贸易对发达经济体整体国民经济的影响并不显著。

(2)服务贸易对新兴经济体整体国民经济的影响要比发达经济体更为显著。以中国、巴西、韩国为代表的出口导向型经济体,服务贸易出口与整体经济具备了一定的协同发展态势。特别是对于中国、巴西两个经济发展相对落后的经济体而言,服务贸易已经成为拉动国民经济发展的重要因素。

(3)对于中国而言,一个符合逻辑的推论是中国应积极发展服务贸易,从而可以推动整体经济发展。

(四)海洋经济与服务贸易协同发展的作用机制:以中国为例

通过实证检验,我们对前述命题进行分析:

命题 1:海洋经济是否是一国(或地区)国民经济发展的必然之选。

由于海洋属于自然禀赋,不是所有的国家(或地区)都需要发展海洋经济,因为海洋经济并不显著影响一国(或地区)的富裕程度;但是对于临海国家(或地区),特别是具有丰富海洋资源的国家(或地区)却必然要选择发展海洋经济,从而有效推动整体经济的发展。换言之,海洋经济一方面是国家(或地区)经济发展的原因;另一方面,国家(或地区)整体经济也为海洋经济提供了更好的发展空间。

命题 2:服务贸易与国民经济之间是否存在互相推动的关系,即服务贸易推动国民经济的增长;另一方面国民经济增长也带动了服务贸易的发展。

通过实证检验发现,服务贸易与国民经济之间的关系会因国家(或地区)而异。对于发达经济体,两者之间并没有太多证据表明互动关系是存在的;对于新兴经济体,服务贸易与国民经济之间互动关系是存在的,特别是对于出口导向型国家而言,服务贸易对于国民经济的推动作用更为明显。

基于上述两个命题的分析,并结合海洋经济与服务贸易的内涵分析,我们对命题 3(中国的海洋经济与服务贸易协同发展模式)分析如下:

由于海洋经济与服务贸易存在着许多相重合的领域,例如航运既是海洋经济中重要的组成部分,也是服务贸易的重点领域。因此海洋经济与服务贸易之间存在着直接的协同发展模式。

海洋经济与服务贸易之间可能存在的间接协同发展模式。这是因为服务贸易可以成为推动整体经济发展的影响因素,而海洋经济也同样可以推动整体经济发展。同时整体经济又反作用于海洋经济,对海洋经济提出更高的要求,推动海洋经济的发展。

具体到中国,我们认为海洋经济与服务贸易之间的关系如图 1-10 所示。一方面服务贸易与海洋经济因为领域重合形成了直接的协同发展机制;另一方面服务贸易通过作用于整体经济进而推动海洋经济发展,形成了间接的协同发展机制。根据作用机制,一个重要的推论是在海洋经济发展中应该加大对服务贸易发展的扶持力度,从而更有效地提升海洋经济发展质量。

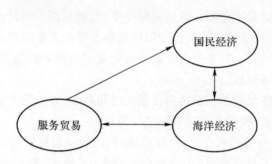

图 1-10　中国海洋经济与服务贸易系统发展作用机制示意图

四、海洋经济战略下服务贸易发展策略分析：以浙江省为例

（一）《浙江海洋经济发展示范区规划》简介①

1. 浙江发展海洋经济的现实条件

海洋资源较为丰富。浙江省海岸线 6696 千米，居全国首位；可规划建设万吨级以上泊位的深水岸线 506 千米，约占全国 30.7%；面积 500 平方米以上海岛 2878 个，数量居全国首位；近海渔场 22.27 万平方千米，可捕捞量居全国第一；滩涂面积近 400 万亩，资源开发利用条件良好；海洋能源蕴藏丰富，可开发潮汐能装机容量占全国 40%、潮流能占全国一半以上，利用潜力巨大。

区位条件十分优越。示范区位于长江三角洲地区南部，南接海峡西岸经济区，东临太平洋，西连长江流域和内陆地区，区域内外交通联系便利，紧邻国际航运战略通道，具有深化国内外区域合作、加快开发开放的有利条件。

特色产业优势突出。2009 年示范区实现海洋生产总值超过 3000 亿元，三次产业结构为 7.9：41.4：50.7，海洋产业体系比较完备。海运业发达，货物吞吐量 7.15 亿吨、集装箱吞吐量 1118 万标箱，宁波—舟山港跻身全球第二大综合港、第八大集装箱港。浙江省船舶工业产值 738 亿元，居全国第三位；海水淡化运行规模 9.35 万吨/日，居全国首位。滨海旅游、海洋生物医药、海洋能源等产业发展迅速。

体制机制灵活高效。浙江在全国较早推进要素市场化配置、资源环境有偿使用等方面改革，经过多年发展，已基本形成高效、规范的市场机制，为海洋经济发展提供了良好环境；浙江城镇化和县域经济发展水平均居全国前列，全省区域协调发展和新型工业化取得良好成效，为推进海陆统筹和海洋产业集聚与

---

① 本部分主要取材自浙江省发展与改革委员会发布的《浙江海洋经济发展示范区规划》。资料来源：浙江省发展与改革委员会网站，www.zjdpc.gov.cn。

结构优化奠定了扎实基础;浙江民营经济发达,投资海洋产业的积极性较高,海洋经济发展的动力强劲。

科教支撑能力较强。拥有国家海洋局第二海洋研究所、杭州水处理技术研究中心、浙江省海洋科学院、浙江省海洋开发研究院、浙江省发展规划研究院和浙江大学、浙江工业大学、宁波大学、浙江海洋学院等一批科研机构和院校,全省海洋科研机构经常费收入居全国第四位,海洋本科、专科专业数量居全国第二位,海洋科技教育实力较强,有利于提升海洋经济发展核心竞争力。

2. 规划战略定位

中国重要的大宗商品国际物流中心。发挥浙江港航资源和区位优势,着力构筑由大宗商品交易平台、海陆联动集疏运网络、金融和信息支撑系统组成的"三位一体"港航物流服务体系,加快推进以宁波—舟山港为核心的大宗商品储运加工贸易基地和集装箱干线港建设,提升上海国际航运中心的整体功能,将示范区建设成为中国重要的大宗商品国际物流中心,为中国战略物资供应提供有力支撑。

中国海洋海岛开发开放改革示范区。发挥浙江体制机制灵活的优势,加强对海洋开发的统筹规划、政策引导、资金支持和体制创新,加快杭州国家创新型城市建设,重点推进舟山群岛综合开发开放、杭甬海洋科技创新、甬舟港航配套服务、温州和台州民营海洋产业发展等试点工作,形成科学、有序、高效、完善的体制环境,发挥促进中国海洋经济发展的示范作用。

中国现代海洋产业发展示范区。落实国家重点产业调整和振兴规划,培育海洋新兴产业,加强海洋科研与产业化基地建设,扶持壮大港口物流、海洋装备制造、清洁能源、海水利用、海洋生物医药等新兴产业,加快发展临港先进制造业、滨海旅游、现代渔业等优势产业,培育一批国际知名的企业和品牌,建设具有较强国际竞争力的产业集群,为引领中国海洋经济转型升级提供强大动力。

中国海陆协调发展示范区。坚持海陆联动,促进海陆发展在战略规划、空间布局、产业优化、政策设计与管理体制等方面的统筹协调,充分发挥海陆两种资源优势,为积极探索中国海陆协调发展的新途径积累经验。

中国海洋生态文明和清洁能源示范区。加快发展清洁能源,优化能源结构,努力创建清洁能源示范区。强化海洋资源有序开发、生态利用和有效保护,加强海域污染防治和生态修复,积极推进低碳技术研发和应用,大力发展循环经济,为建设海洋生态文明探索新模式。

3. 规划目标(至2015年)

海洋经济综合实力明显增强。海洋经济综合实力、辐射带动力和可持续发展能力居全国前列,在全国的地位进一步提升。到2015年,示范区地区生产总值突破 2.6 万亿元,占全省的 3/4,人均地区生产总值达到 8.6 万元;示范区海洋生产总值接近 7000 亿元,占全国海洋经济比重提高到 15%,三次产业结构为 6:41:53,基本实现海洋经济强省目标。

港航服务水平大幅提高。巩固宁波—舟山港全球大宗商品枢纽港和集装箱干线港地位,基础设施实现网络化、现代化。到 2015 年,沿海港口货物吞吐量达到 9.2 亿吨,集装箱和原油、成品油等大宗商品运输在沿海港口中所占比例较大提升,形成较为完善的"三位一体"港航物流服务体系,基本建成港航强省。

海洋经济转型升级成效显著。海陆联动开发格局基本形成,在港口物流、滨海旅游、海洋装备制造、船舶工业、清洁能源、现代渔业等领域形成一批全国领先、国际一流的企业和产业集群,在海洋生物医药、海水利用、海洋科教服务、深海资源勘探开发等领域取得重大突破,海洋产业结构明显优化,海洋经济效益显著提高。到 2015 年,海洋新兴产业增加值占海洋生产总值的比重提高到 30% 以上。

海洋科教文化全国领先。海洋文化建设深入推进,海洋意识不断强化,涉海院校和学科建设加快,海洋科技创新体系基本建成,海洋科技创新能力明显提高,建成一批海洋科研、海洋教育、海洋文化基地。到 2015 年,示范区内研究与试验发展经费占地区生产总值的比重达到 2.5%,科技贡献率达 70% 以上。

海洋生态环境明显改善。海洋生态文明和清洁能源基地建设扎实推进,海洋生态环境、灾害监测监视与预警预报体系健全,陆源污染物入海排放得到有效控制,典型海洋和海岛生态系统获得有效保护与修复,基本建成陆海联动、跨区共保的生态环保管理体系,形成良性循环的海洋生态系统,防灾减灾能力有效提高。到 2015 年,清洁海域面积力争达到 15% 以上。

4. 主要工作

构建"一核两翼三圈九区多岛"的海洋经济总体发展格局:以宁波—舟山港海域、海岛及其依托城市为核心区,以环杭州湾产业带及其近岸海域为北翼,以温州、台州沿海产业带及其近岸海域为南翼,加强杭州、宁波、温州三大沿海都市圈建设,重点建设杭州、宁波、嘉兴、绍兴、舟山、台州、温州等九大产业集聚区,重点推进舟山本岛、岱山、泗礁、玉环、洞头、梅山、六横、金塘、衢山、朱家尖、洋山、南田、头门、大陈、大小门、南麂等重要海岛的开发利用与保护。

打造现代海洋产业体系:扶持发展海洋新兴产业(海洋装备制造业、清洁能源产业、海洋生物医药产业、海水利用业、海洋勘探开发业),培育发展海洋服务业(涉海金融服务业、滨海旅游业、航运服务业、涉海商贸服务业、海洋信息与科技服务业),择优发展临港先进制造业(船舶工业、其他先进制造业),提升发展现代海洋渔业(海洋捕捞和海水养殖业、水产品精深加工和贸易)。

构建"三位一体"港航物流服务体系:大力构建大宗商品交易平台、海陆联动集疏运网络、金融和信息支撑系统"三位一体"的港航物流服务体系,高水平建设中国大宗商品国际物流中心和"集散并重"的枢纽港。

完善沿海基础设施网络:统筹综合交通、能源、水利、信息、防灾减灾等重大基础设施网络布局,加强综合协调,为海洋经济发展提供保障。

健全海洋科教文化创新体系:加强海洋类院校、涉海人才队伍、海洋科技创新平台和海洋文化建设,增强科教文化对海洋经济发展的支撑引领作用。

加强海洋生态文明建设:科学利用海洋资源,加强陆海污染综合防治和海洋环境保护,推进海洋生态文明建设,切实提高海洋经济可持续发展能力。

建设舟山海洋综合开发试验区:加快舟山群岛开发开放,全力打造国际物流岛,建设海洋综合开发试验区。

创新海洋综合开发体制:推进重要海岛开发开放,加强用海用地支持,加大海洋综合管理力度,创新投融资机制,建设中国海洋综合开发体制改革的示范区。

(二)浙江省海洋服务贸易重点领域及其协同发展机制分析

通过对《浙江海洋经济发展示范区规划》的梳理,规划中的许多工作都为海洋服务贸易提供了广阔的发展前景,另一方面海洋服务贸易也会对海洋经济起到巨大的推动作用。我们认为在海洋经济战略下,浙江省应重点发展的海洋服务贸易主要包括:海洋金融服务贸易、航运服务贸易、海洋旅游服务贸易、海洋技术贸易、高等教育服务贸易等五大服务贸易领域,其发展原因及其与海洋经济发展之间的协同发展机制分析如下。

1. *海洋金融服务贸易*

在规划中明确提出要打造现代海洋产业体系、构建"三位一体"港航物流服务体系,特别是要完善沿海基础设施网络、建设舟山海洋综合开发试验区。如果上述规划得以落实,其投融资额度不管在规模上还是在强度上都将创造浙江经济的发展纪录。在海洋经济投融资中我们要想方设法地提升海洋金融服务贸易的质量,尽可能地用低廉成本吸引外商投资,从而有效推动浙江海洋经济投融资水平,为海洋经济发展提供强大的金融支撑(协同发展机制见图1-11)。

2. *航运服务贸易*

在规划中浙江将着力构建"三位一体"港航物流服务体系,航运成为重中之重的发展领域。同时随着示范区产业集聚、产业转型、产业升级的不断深入,其外向型经济发展必然要求航运不仅要保证规模的扩大,更要确保服务的高效。这些都成为航运服务贸易发展的巨大动力。另一方面,随着航运服务能力的有

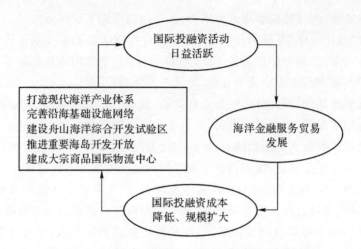

图 1-11　海洋金融服务贸易与海洋经济协同发展机制

效提升,也进一步提高港口、航线、船舶等航运资源利用效率,从而进一步刺激"三位一体"港航物流服务体系的建设(协同发展机制见图 1-12)。

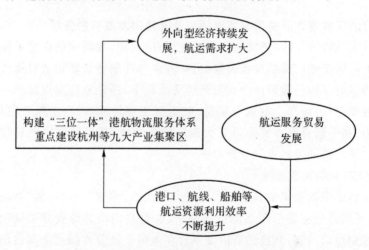

图 1-12　航运服务贸易与海洋经济协同发展机制

3. 海洋旅游服务贸易

海洋旅游一直是浙江旅游版图中重要的组成部分。在规划中明确提出要培育发展滨海旅游业,同时一些重要海岛也将在海洋环境得到切实保护的前提下开发开放。因此,在未来几年内,随着众多国际海洋旅游项目的上马,浙江的海洋旅游不仅要在硬件上,更要在软件上下足功夫获得国际游客的满意,这些都需要海洋旅游服务贸易水平不断提高。相应地,随着海洋旅游服务贸易水平的提高,浙江海洋旅游的国际知名度也会不断提升,并进一步推动滨海旅游业的发展（协同发展机制见图 1-13）。

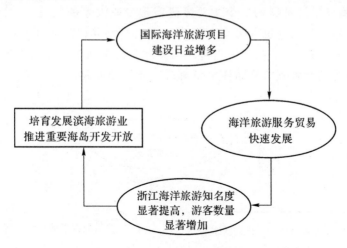

图 1-13 海洋旅游服务贸易与海洋经济协同发展机制

4. 海洋技术服务贸易

科学技术是第一生产力，这一论断在海洋经济发展中同样适用。不管是现代海洋产业体系的打造，还是"三位一体"港航物流服务体系的构建都需要科技发挥其最大的功用。海洋技术一方面可以通过国内相关科研院所的研发而获得；另一方面也可以通过技术服务贸易的手段直接拿来应用，而且后一种方式可能更为直接和有效。因此，随着海洋产业体系和港航物流体系建设的不断深入，海洋技术服务贸易将成为日益重要的海洋技术来源渠道（协同发展机制见图 1-14）。

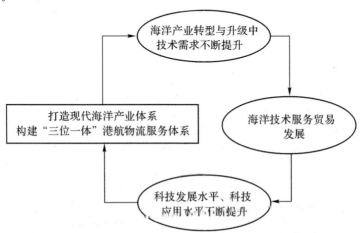

图 1-14 海洋技术服务贸易与海洋经济协同发展机制

5. 高等教育服务贸易

浙江海洋经济发展的一个主要障碍就是专业人才的缺乏,与技术贸易相似,人才的培养和引进也有两大途径:其一是自身培养;其二是借助国际教育服务贸易在短期内在全球范围内引进所需人才。由于浙江海洋经济发展极为迅猛,发展高等教育服务贸易同样也是解决人才短缺非常好的办法之一(协同发展机制见图 1-15)。

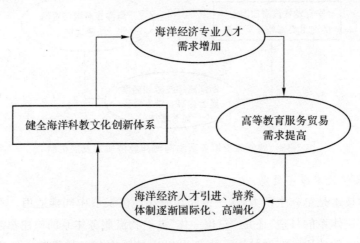

图 1-15　高等教育服务贸易与海洋经济协同发展机制

第二章 海洋金融服务贸易发展研究

近年来,国际服务贸易发展迅猛,增长速度远高于货物贸易,日益成为衡量一个国家竞争力的重要指标。随着以金融、信息和通信等为代表的技术知识密集型代表服务业发展方向的新兴服务业的兴起,金融服务业逐渐成为未来各国经济发展的重要支撑。

一、金融服务贸易发展的概况及国际比较

金融服务业作为金融服务贸易发展的产业基础,它的高速增长直接带动了国际金融服务贸易的迅速发展,国际金融服务贸易总额由 1997 年的 861 亿美元增长到 2011 年的 3963 亿美元,金融服务贸易的发展状况成为衡量一个国家金融业国际竞争力的重要标志之一,体现了一个国家参与国际金融业分工的基本情况。

(一)金融服务贸易概念及模式

1. 金融服务贸易的概念

金融服务贸易的概念是在 1986 年开始的关贸总协定乌拉圭回合谈判中首次提出的,并将金融服务的范围界定为:一是保险及相关服务,包括人寿和非人寿保险、保险中介(如经纪和代理)以及对保险的辅助性服务;二是银行及其金融服务(保险除外),包括接受公众存款和其他需偿还基金、所有类型的贷款、金融租赁、所有支付和货币交割服务、担保与承兑、自行或代客金融资产交易、参与各类证券的发行、货币经纪、资产管理、金融资产的结算和清算服务、金融信息的提供与交换及金融数据处理、金融咨询中介和其他辅助性金融服务等。

1990 年,经济合作和发展组织(OECD)对金融服务贸易的定义为:金融服务贸易是由金融机构在提供或者接受以下服务的收入或者支出:一是得到的和付出的直接投资的收益,包括未分配收益和利息;二是从其他金融投资得到的和付出的收益,即得到的和付出的利息和红利;三是得到和付出的手续费和佣金。1994 年,WTO 体制下的《服务贸易总协定》,即 GATS 及其两个金融服务

附录《关于金融服务承诺的谅解》和《全球金融服务协议》对金融服务贸易做出了具体解释:金融服务贸易是指由一成员方的金融服务提供者提供的任何与金融有关的服务。其中,金融服务提供者被界定为任何希望提供或正在提供金融服务的成员国的自然人或法人,但不包括公共实体。该公共实体是指成员国政府、央行、货币当局以及由国家所拥有或控制的,主要执行政府职能或为政府目的而活动的其他机构。金融服务包括两个部分:所有保险和与保险相关的服务、银行和其他金融服务(保险除外),其中其他金融服务指证券和金融信息服务。金融服务既可以是通过某种金融工具而提供的相应服务,如各种存单、债券、股票等,也可以是一些不利用有形金融工具的纯粹金融服务,如证券经纪、金融咨询、财务顾问等。

2. 金融服务贸易的模式

从《服务贸易总协定》对国际服务贸易的相关定义来看,金融服务贸易可分为四种模式。

跨境交付(Cross-border Supply),指金融服务的提供者在本国向境外的非居民消费者提供服务,它是基于信息技术的发展和网络化的普及而实现的跨越国界的远程交易;

境外消费(Consumption Abroad),指金融服务的提供者在本国向当地的非居民提供服务,例如一国金融机构对到本国境内旅行的外国消费者提供服务;

商业存在(Commercial Presence),指一国的金融机构到其他国家设立商业机构或专业机构,如果具有法人资格就可以该国居民的身份为当地的消费者提供金融服务,这种贸易模式有利于避免跨境交付的限制,迎合了东道国消费者的“本土偏好”,还便于外国金融机构与当地建立长期的业务关系;

自然人流动(Movement of Natural Persons),指金融服务提供者以自然人形式到境外为当地消费者提供服务。

目前,在这四种模式中,由于境外消费和自然人流动这两种模式在实际的交易中所占份额很小,所以国际金融服务贸易的提供方式主要是跨境交付和商业存在这两种模式。

(二)我国金融服务贸易的业务模式

1. 保险业进出口的主要模式

中国保险服务进口包括与货物进出口贸易伴随的海运险(财产险)、境内保险公司分保到境外的再保险、境内大型项目采用的境外公司提供的保险评估服务等。其中货物险占绝对比重,其次为再保险支出。此外还有一些境外消费(如国内出境人员在境外保险公司购买的航空意外险)和自然人流动(如境外保险专业人士来华提供中介保险咨询等服务)。但总体上这些进口规模非常之小。因此,中国的保险服务进口以跨境支付模式为主。

保险服务出口构成以进出口货运险与再保险收入为主,此外还有少量为境内旅游者、留学生提供的保险等其他保险服务收入。实际上,货物险的出口主要是以国外进口商以 CIF 价款方式进口我国商品而引起的由国内出口商间接向境内保险公司投保,由国外进口商直接向境内保险公司投保的情况并不常见。因此,中国保险服务的出口主要采用境外消费模式。

2.银行业进出口的主要模式

银行业的金融服务进口主要是境外银行为境内企业和个人提供的国际结算、汇款、担保和存款业务。同时,由于境内外汇资金最终要由境内银行存放到国外进行资金运作,因此,进口还包括境外银行为境内银行提供的资金清算、存放、代理外汇交易等服务。目前,中国银行服务进口以商业存在模式为主。

银行出口业务中最为常见的是与国际贸易有关的结算业务、国际汇款业务、代理境外信用卡收单业务和对外担保业务,从比重上来看以后两项为主。此外,目前外资银行对非居民贷款业务包括两类业务,一是参与境外母行的银团贷款;二是对非居民在境内购房提供按揭贷款。目前,中国银行服务的出口以跨境支付模式为主。

3.证券业

证券进口业务种类要比出口丰富一些:一是证券交易,由于政策还不允许非银行企业和个人投资国外资本市场,主要是境内银行用外汇资金购买境外债券;二是证券发行,如国内企业赴境外上市或发行债券。现阶段,中国证券服务进口以商业存在模式为主。

自从允许境外合格投资者(QFII)投资中国资本市场后,许多外资银行被选为 QFII 资金托管行,托管 QFII 资金成为中国金融服务出口的新业务。由于国内资本市场开放程度较低,目前只允许境外投资者买卖 B 股和 QFII 买卖人民币证券。因此证券业的对外业务仅限于代理境外投资 B 股交易和代理 QFII 进行人民币证券交易的经纪业务。现阶段,中国证券服务的出口以跨境支付模式为主。

表 2-1　我国现阶段金融服务贸易进出口的主要模式

模式	银行业	证券业	保险业
出口模式	跨境支付	跨境支付	境外消费
进口模式	商业存在	商业存在	跨境支付

资料来源:中国服务贸易指南网。

(三)我国金融服务贸易发展现状

1.金融服务贸易比重小

第一,从我国服务贸易的内部结构来看,金融服务贸易比重小。以 2012 年数据为例,从图 2.1 可以看出,2012 年我国服务贸易出口额排在前三位的是旅游、运输服务和咨询,分别占服务贸易出口总额的 26.3％,20.4％,17.6％,合计为 64.3％,金融服务贸易占比仅为 2.7％,比 2011 年增长了 0.5％,其中,金融服务所占的比例 1％,保险服务贸易所占比重 1.7％。

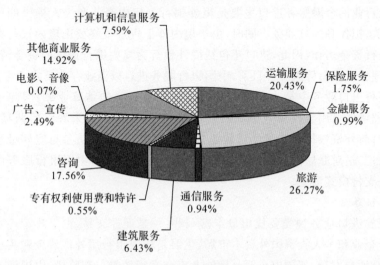

图 2-1　2012 年中国服务贸易出口构成图

来源:中国服务贸易指南网

从表 2-2 的统计数据来看,金融服务贸易出口额占服务贸易出口额的比重在 2003 年以前处个别年份外,基本维持在 0.6％附近,自 2003 年至 2008 年基本处于稳定状态,只有 2009 年有了一个较大的变化,金融服务贸易出口额占服务贸易出口额的比重为 1.6％,这说明我国在加大金融服务贸易的发展力度,增加金融服务贸易的出口发展。但尽管有 2012 年 2.7％的占比,也还是反映了我国的金融服务贸易出口问题有待解决。

表 2-2　金融服务出口统计　　　　　　　（单位:亿美元）

年份	1997	1998	1999	2000	2001	2002	2003	2004
金融服务出口合计	2.0	4.1	3.1	1.9	3.3	2.6	4.6	4.7
全国服务贸易出口	245.0	239.0	262.0	301.0	329.0	394.0	464.0	621.0
占比(％)	0.8	1.7	1.2	0.6	1.0	0.7	1.0	0.8

续表

年份	2005	2006	2007	2008	2009	2010	2011	2012
金融服务出口合计	6.9	6.9	11.3	17.0	20.3	30.6	41.43	52.2
全国服务贸易出口	739.0	914.0	1216.0	1465.0	1286.0	1702.5	1824	1904
占比(%)	0.9	0.8	0.9	1.2	1.6	1.8	2.27	2.7

来源:中华人民共和国商务部、国家外汇管理局。

　　进口方面,2012 年我国服务贸易进口额排在前三位的仍然是旅游、运输服务和保险服务项目(图 2—2),分别占服务贸易进口总额的 36.4,30.6%,7.4%,合计为 74.4%。2012 年金融服务贸易占的比重较小,占服务贸易进口总额的 8.1%,其中,金融服务所占的比例仅为 0.7%,可见保险服务在我国金融服务贸易中的比重很大。

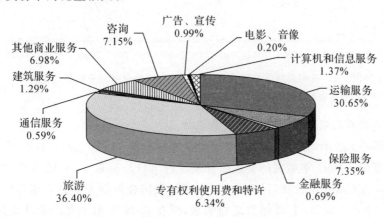

图 2-2　2012 年中国服务贸易进口构成图

来源:中国服务贸易指南网。

　　从表 2-3 显示的数据可以看出,1997—2012 年我国服务贸易的进口也呈上升发展趋势,从 1997 年的 277 亿美元增加到了 2012 年的 2801.4 亿美元。金融服务贸易进口额占服务贸易进口额的比重 1997 年—2012 年基本处于稳定状态,只有 2006 年和 2010 年有了一个较大的变化,但我国的金融服务贸易进口占服务贸易进口额的比重较小,有待提高。

表 2-3　金融服务贸易进口统计　　　　(单位:亿美元)

年份	1997	1998	1999	2000	2001	2002	2003	2004
金融服务进口合计	13.7	19.2	20.9	25.7	27.9	33.4	48.0	62.6
全国服务贸易进口	277.0	265.0	310.0	359.0	390.0	461.0	549.0	716.0
比重(%)	4.95	7.25	6.74	7.16	7.15	7.24	8.74	8.75

续表

年份	2005	2006	2007	2008	2009	2010	2011	2012
金融服务进口合计	73.6	97.2	112.2	133.1	120.3	171.4	204.9	225.3
全国服务贸易进口	832.0	1003.0	1293.0	1580.0	1582.0	1921.7	2370	2801.4
比重(%)	8.85	9.69	8.68	8.42	7.61	8.92	8.65	8.1

来源:中国服务贸易指南网

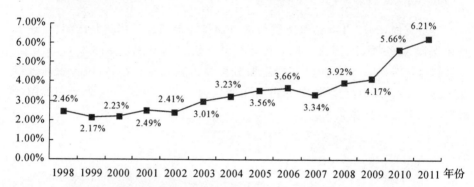

图 2-3　我国金融服务贸易进出口总额占世界金融服务贸易的比重

来源:根据 WTO 数据库统计计算。

2.我国金融服务贸易进出口发展很快

如图 2-4 所示,在 1997—2012 年间我国金融服务贸易总额一直处于一种上升的趋势中。1997 年年我国金融服务贸易进出口总额是 15.7 亿美元,2012 年达到 277.5 亿美元,是 1997 年的 17 倍,可见我国金融服务贸易发展速度很快,特别是 2000 年以后,上升趋势更加明显,但在 2009 年由于受到全球金融危机的影响,进出口总额有所下滑。不管是从金融服务贸易金额还是年增长幅度来衡量,我国金融服务发展都是迅速的。

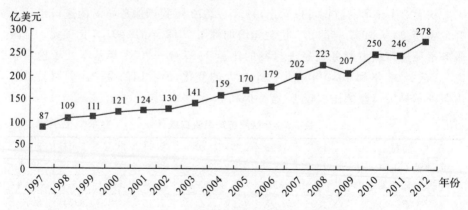

图 2-4　我国历年金融服务进出口总额

来源:中国服务贸易指南网

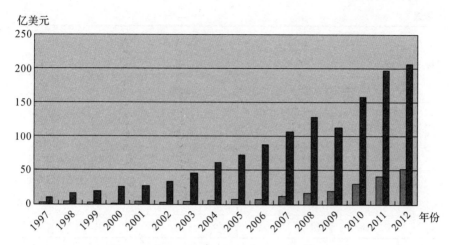

图 2-5　我国历年金融服务进口、出口总额趋势

来源：中国服务贸易指南网

从图 2-5 来看，进出口一直是出口逆差的状态，并且逆差日益扩大。1997—2012 年我国金融服务贸易一直呈逆差态势，并且表现为逆差逐步扩大的趋势。所以，通过分析可知我国金融服务贸易的发展很不平衡，长期以来，我国金融服务贸易在国际市场处于出口总额小于进口总额的逆差状态，没有净出口额，出口竞争能力很弱。

表 2-4　我国金融服务统计 　　　　　　　　　　（单位：亿美元）

年份	出口			其中：保险服务比重（%）	进口			其中：保险服务比重（%）	进出口总额
	保险服务	其他金融服务	合计		保险服务	其他金融服务	合计		
1997	1.7	0.3	2	86.45	10.5	3.2	13.7	76.3	86.8
1998	3.8	0.3	4.1	93.45	17.6	1.6	19.2	91.49	109.1
1999	2	1.1	3.1	64.81	19.2	1.7	20.9	92.01	111.2
2000	1.1	0.8	1.9	58.08	24.7	1	25.7	96.21	120.9
2001	2.3	1	3.3	69.65	27.1	0.8	27.9	97.22	124.3
2002	2.1	0.5	2.6	80.38	32.5	0.9	33.4	97.31	129.8
2003	3.1	1.5	4.6	67.3	45.6	2.3	48	95.15	140.8
2004	3.8	0.9	4.7	80.21	61.2	1.4	62.6	97.79	159
2005	5.5	1.5	6.9	79.09	72	1.6	73.6	97.83	169.8
2006	5.5	1.5	6.9	79.08	88.3	8.9	97.2	90.84	179.1

续表

年份	出口				进口				进出口总额
	保险服务	其他金融服务	合计	其中:保险服务比重（%）	保险服务	其他金融服务	合计	其中:保险服务比重（%）	
2007	9	2.3	11.3	79.68	106.6	5.6	112.2	95.04	201.7
2008	13.8	3.2	17	81.45	127.4	5.7	133.1	95.75	223.2
2009	16	4.4	20.3	78.51	113.1	7.3	120.3	93.97	207.1
2010	17.3	13.3	30.6	56.47	157.5	13.9	171.4	91.91	249.5
2011	33.45	7.98	41.43	80.7	197.68	6.93	204.6	96.6	246
2012	33.3	18.9	52.2	63.79	206	19.3	225.3	91.43	277.5

来源:中国服务贸易指南网

同时,从表2-4看到,保险服务在我国金融服务贸易进出口总额中占有绝对比例,从1998年至2012年一直占90％以上的比重,而其他金融服务贸易占金融服务贸易进出口总额的比重非常小,不足10％,这说明我国金融服务贸易类型结构发展不平衡,需要我们调整金融服务贸易类型结构,利用其他金融服务贸易发展的广阔空间,达到金融服务贸易结构的合理配置。

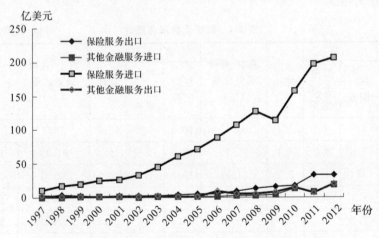

图2-6 年我国金融保险服务贸易进出口趋势

来源:WTO数据库。

3.金融服务贸易劳动效率大幅提升

我国金融服务业就业人数从1997年的308万人增长到2012年的527.8万人,年增幅约为3.66％,与我国同时期服务业就业总人数增长幅度基本持平。

但与金融服务业增加值以及金融服务贸易额的增长幅度相比,就业人数的增长幅度较小,说明我国金融产业的劳动效率在大幅地提升,在就业人口增幅较小的情况下创造的金融服务业增加值、金融服务贸易额显著增加。

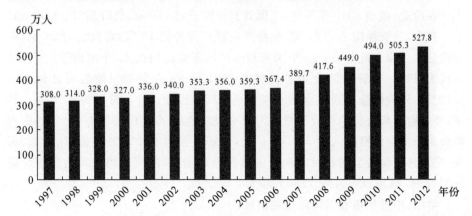

图 2-7 我国金融服务业就业人数

资料来源:《中国金融统计年鉴》。

4.中国金融服务贸易开放程度已超出 WTO 的范围

在 WTO 框架下,我国金融服务贸易开放的承诺仅限于 GATS 的四种形式。而目前我国金融领域的开放已超出 WTO 管辖范围的领域。其次,对外开放与对内开放同时进行。我国不仅对外资开放我国的市场,而且也在逐步放开内资对外投资、经营的限制。因此,在新形势下,我国金融服务贸易开放程度也已经成为世人关注的焦点。

第一,对外资的开放程度日益增加。

证券业,截至 2010 年 12 月底,QFII 总数达 106 家,其中 91 家 QFII 已开展投资运作。长期资金管理机构在全部 QFII 中所占比例已达到 69%。上海、深圳证券交易所各有 3 家特别会员,并各有 38 家和 22 家境外证券经营机构直接从事 B 股交易。此外,还有 8 家境外证券交易所驻华代表处、156 家境外证券类经营机构驻华代表处获准成立。

银行业,2010 年,在华外资银行营业性机构资本和拨备充足、资产质量良好,流动性和盈利状况较好。截至 2010 年年末,有 45 个国家和地区的 185 家银行在华设立了 216 家代表处;有 14 个国家和地区的银行在华设立了 37 家外商独资银行(下设分行 223 家)、2 家合资银行(下设分行 6 家,附属机构 1 家)。外商独资财务公司有 1 家,另有 25 个国家和地区的 74 家外国银行在华设立了 90 家分行。其中,获准经营人民币业务的外国银行分行 44 家、外资法人银行 35 家,获准从事金融衍生产品交易业务的外资银行机构 56 家。在华外资银行资产总额 1.74 万亿元,占全国金融机构资产总额的 1.85%;各项贷款余额 9103 亿元,占全部金融机构各项贷款余额的 1.79%;各项存款余额 9850 亿元。在华外资法人银行平均资本充足率为 18.98%,核心资本充足率为 18.56%。

保险业,截至 2010 年年底,全国共有保险公司 146 家,已开展营业的有 131 家。其中,外资保险公司 54 家,包括外资财产险公司 19 家,寿险公司 28 家,再保险公司 7 家。此外,有 23 个国家和地区的保险机构在 15 个城市设立了 169 家代表机构。外资保险公司总资产为 2621 亿元,占全部保险公司总资产的 5.19%。外资保险公司原保险保费收入 634.3 亿元,市场份额为 4.37%。其中,外资财产险公司原保险保费收入为 42.83 亿元,市场份额为 1.06%;外资寿险公司原保险保费收入为 591.47 亿元,市场份额为 5.63%。在北京、上海、深圳、广东外资保险公司相对集中的区域保险市场上,外资保险公司的市场份额分别为 16.31%、17.94%、7.88% 和 8.23%。

第二,中资积极参与国际金融市场。

证券业,合格境内机构投资者(QDII)投资规模继续扩大,截至 2010 年年末,累计批准 90 家 QDII 机构投资额度共计 696.61 亿美元。中国证监会共批准 31 家基金管理公司和 9 家证券公司获得 QDII 业务资格,37 只 QDII 基金和 4 只 QDII 资产管理计划获批,28 只 QDII 基金和 2 只 QDII 资产管理计划成立,资产净值约计 734 亿元人民币。

银行业,截至 2010 年年末,共有 5 家中资银行对 6 家境外机构进行了投资,投资入股境外机构余额为 98.1 亿美元。共有 7 家中资商业银行设立了 54 家境外分行,拨付营运资金余额为 39.8 亿美元;有 3 家中资商业银行设立了 18 家境外子行,拨付资本金余额为 16.4 亿美元。8 家中资银行业金融机构设立了 23 家境外附属公司,拨付营运资金余额为 245.8 亿美元。

保险业,截至 2010 年年底,中资保险机构在境外设立经营机构 33 家,设立代表处 8 家。中国保险业境外投资总额 83.9 亿美元。其中,货币市场投资 14.4 亿美元(含活期存款 7.45 亿美元、货币市场基金 6.9 亿美元),固定收益类投资 1.7 亿美元(含债券 1.4 亿美元),股票等权益类投资 67 亿美元。

(四)我国金融服务贸易国际比较

在对我国近 10 年来的金融服务贸易的发展状况进行数据调查之后发现,我国的金融服务贸易占世界金融服务贸易的比重较小,但呈小幅上升趋势。但到了 2011 年我国的金融服务贸易总额上升迅猛,这一统计数据充分说明,我国的金融服务贸易发展还有很大的上升潜力需要挖掘。

表 2-5　中国金融服务贸易总额发展状况　　（单位:亿美元）

年　份	1998	1999	2000	2001	2002	2003	2004
进出口总额	23.3	24.0	28	31	36	53	67
世界金融服务贸易总额	948	1107	1254	1246	1491	1758	2077
比重(%)	2.46	2.17	2.24	2.50	2.41	3.02	3.24
年　份	2005	2006	2007	2008	2009	2010	2011
进出口总额	81	104	124	150	141	202	246
世界金融服务贸易总额	2277	2842	3718	3827	3382	3569	3963
比重(%)	3.56	3.67	3.34	3.92	4.17	5.66	6.21

资料来源:WTO 数据库。

1. 我国与世界主要金融服务贸易国家的比较

第一,我国金融服务贸易总额的比较。

截至 2011 年年底,41 个国家和地区向 IFM 组织报告的金融服务贸易数据显示,世界金融服务贸易总额为 3963 亿美元,占世界服务贸易总额的 4.8%,经过排名美国的金融服务贸易总额排世界第一名,总额是 1609.72 亿美元,其次是英国和爱尔兰。分别是 815.44 亿美元和 344.7 亿美元,中国是 246.08 亿元。通过国际之间的比较,发现虽然中国金融服务贸易的国际竞争力较差,但在缓慢上升。

表 2-6　2011 年世界主要金融服务贸易国家比较　（单位:亿美元）

国家	金融出口	保险出口	金融进口	保险进口	总额	净出口
美国	729.89	153.51	150.7	575.62	1609.72	157.08
英国	593.96	69.48	126.18	25.82	815.44	511.44
爱尔兰	91.03	106.4	64.85	82.42	344.7	50.16
德国	136.33	56.71	91.54	46.07	330.65	55.43
瑞士	170.34	48.43	18.98	14.55	252.3	185.24
中国	7.99	33.46	6.94	197.69	246.08	−163.18
加拿大	37.66	45.93	35.06	68.47	187.12	−19.94
日本	41.06	16.38	33.47	67.71	158.62	−43.74
意大利	25.93	25.2	53.49	37.22	141.84	−39.58
西班牙	53.74	15.03	49.35	19.56	137.68	−0.14
法国	45.95	23.13	30.71	27.51	127.3	10.86

续表

国家	金融出口	保险出口	金融进口	保险进口	总额	净出口
韩国	33.67	4.19	8.84	8.05	54.75	20.97
荷兰	16.48	7.16	18.28	12.04	53.96	−6.68
瑞典	15.42	9.15	6.18	4.42	35.17	13.97
澳大利亚	13.99	4.18	8.94	5.95	33.06	3.28

资料来源：WTO 数据库。

另一方面，通过与其他发达国家的金融服务贸易净出口比较，进一步说明了我国金融服务贸易的国际竞争力现状。如表 2-6 所示，与其他发达国家比较，我国金融服务贸易多年来一直呈现逆差，更不用说具有净出口额，出口能力很弱，而英国、美国、韩国等国净出口保持着顺差，并且相对来说净出口额很大，说明其出口竞争能力较强。虽然日本、加拿大在 2011 年金融服务进出口额为逆差，但是他们金融服务的进口额与出口额均排在世界市场的前 20 位，而我国的排名不及这两个国家，发展非常落后。通过以上分析说明我国金融服务贸易出口在国际市场上并不具备较强的竞争力，整体来说处于劣势。

第二，国际市场占有率比较。

国际市场占有率指标直接反映某产业或某产品国际竞争力的现实状态，用以比较不同国家或地区同一产业或同类产品在国际市场上的竞争能力。即指在同一时期内，一国（地区）同一产业或同种产品的出口额占世界市场该产业或产品出口总额的百分比。国际市场占有率与该产业或产品的国际竞争力呈正相关关系，其计算公式为：

某种商品国际市场占有率＝该国出口额/世界出口总额×100％

国际市场占有率的取值范围为[0,1]，从其公式中可以看出，一国某产品（产业）的出口额占世界市场该产品（产业）出口总额的比例越大，即越接近 1，该产品的国际市场占有率就越高，那么该产品（产业）的国际竞争力越强；反之，该产品（产业）的出口额占世界市场该产品（产业）出口总额的比例越小，即越倾向于 0，说明该产品（产业）的国际竞争力越弱。

金融服务贸易的国际市场占有率是以一个国家服务贸易的规模和服务产业的实力为基础，反映该国金融服务贸易的整体国际竞争力。该国的金融服务贸易的国际市场占有率越高，表明这个国家金融服务贸易竞争力的国际竞争力越大。

表 2-7　世界主要国家金融服务贸易的国际市场占有率　（单位:%）

年份	美国	英国	德国	日本	韩国	法国	加拿大	印度	中国
2000	25.37	5.96	4.99	4.70	4.69	4.08	2.82	2.80	0.19
2001	26.19	5.56	5.15	5.10	4.74	4.65	3.25	4.65	0.34
2002	27.64	4.59	10.61	4.94	4.29	4.11	4.03	3.12	0.25
2003	27.88	3.49	8.88	4.46	3.61	4.41	3.78	3.99	0.38
2004	28.83	2.41	5.86	3.72	2.82	3.89	2.85	4.15	0.31
2005	26.55	1.73	4.94	3.29	2.34	4.15	2.89	4.87	0.39
2006	25.75	1.13	5.54	2.75	1.83	4.43	2.67	5.81	0.31
2007	24.41	0.66	5.99	2.15	1.34	3.67	2.37	4.69	0.38
2008	25.54	0.46	6.12	2.20	1.30	3.37	2.42	4.00	0.57
2009	29.76	0.31	6.77	2.64	1.46	3.66	2.52	4.41	0.79
2010	29.36	0.08	6.48	2.56	1.33	3.35	2.79	3.56	1.11
2011	28.47	0.57	6.54	2.35	1.15	2.98	2.69	2.93	1.34

资料来源:根据 WTO 数据库整理和计算。

根据表 2-7 来看,2000—2011 年我国金融服务国际市场占有率值绝大部分年度都在 1 个百分点以下,相对来说,美国的市场占有率稳居世界第一位,德国次之,两国的市场占有率之和接近 1/3 的水平,长期看,美国和德国的市场占有率波动不大,一直保持着领先的地位,可见他们金融服务贸易的国际竞争力是相当强势的。法国、日本、加拿大的金融服务国际市场占有率一直在 2%～4%之间波动,也显示了较强的国际竞争力,但英国从 2007 年开始其国际市场占有率下跌为不到 1%,呈波动的下降趋势。韩国在下降中保持相对稳定。印度和我国情况相似,属于发展中国家,但其金融服务国际市场占有率水平比我国高,并且其波动呈现增长的趋势,说明其国际竞争力是在不断增强,具有比我国很大的竞争优势。我国的国际市场占有率很低,并且波动性较大,金融服务贸易整体的国际竞争力处于劣势,尤其与世界主要国家相比其国际竞争力非常弱。

第三,贸易竞争优势指数比较。

首先,分析各国的贸易竞争力指数(Trade Special Coefficient,TC 指数),之所以选用 TC 指数,是因为它剔除了影响各国间某产品(产业)不能进行比较的因素,如各国的通货膨胀率等,因而能很好地反映一国某产品(产业)的国际竞争力强弱。

贸易竞争力指数指的是一国进出口贸易的差额与该国出口贸易总额的比值。它又称为专业化系数、水平分工度指标,从总体上反映了各类产品或行业

的竞争优势状况。其计算公式为:

$$X_i = (E_i - I_i)/(E_i + I_i)$$

其中,贸易竞争力指数 X_i 的理论取值范围为[−1,1],其值越接近 0 时,说明竞争力优势越接近平均水平。大于 0 时,说明研究对象的竞争优势较大,越接近 1,竞争力越强,当达到 1 时,说明该产品或产业只有出口而没有进口。反之,当 X_i 达到小于 0 时,说明研究对象缺乏竞争优势,竞争力较弱,越接近−1,竞争力越弱,当 X_i 为−1 时,则说明该产品或产业只有进口而没有出口。在此基础上,可将 TC 指数细分成 6 个区间:

当−1＜TC＜−0.6 时,该国的金融服务贸易竞争力非常弱;

当−0.6＜TC＜−0.3 时,该国的金融服务贸易竞争力比较弱;

当−0.3＜TC＜0 时,该国的金融服务贸易竞争力微弱;

当 0＜ TC ＜0.3 时,该国的金融服务贸易竞争力微强;

当 0.3＜TC＜0.6 时,该国的金融服务贸易竞争力较强;

当 0.6＜TC＜1 时,该国的金融服务贸易竞争力非常强。

从表 2-8 中可以看出,相对于其他国家,我国金融服务贸易在 1999—2011 年间一直处于竞争力弱势的地位。但 2010 年我国金融服务贸易的贸易竞争优势指数是−0.04 相对于其他年份来说最接近于 0,这也反映了我国金融服务贸易尽管贸易竞争力弱,但有上升的趋势,而且有上升的潜力。

表 2-8　世界主要国家金融服务贸易的 TC 指数

年份	中国	英国	美国	法国	日本	德国	意大利	韩国
1999	−0.84	0.16	0.69	0.05	0.19	0.17	−0.08	−0.19
2000	−0.72	0.12	0.68	−0.09	0.16	0.08	−0.16	−0.12
2001	−0.2	0.13	0.7	−0.05	0.12	0.14	−0.15	0.27
2002	−0.11	0.54	0.66	−0.07	0.21	0.28	−0.12	0.57
2003	0.12	0.55	0.65	−0.15	0.24	0.17	−0.16	0.73
2004	−0.28	0.62	0.64	−0.16	0.32	0.24	0.01	0.82
2005	−0.21	0.65	0.62	−0.29	0.23	0.24	0.05	0.75
2006	−0.19	0.65	0.67	−0.26	0.25	0.19	−0.16	0.79
2007	−0.05	0.63	0.65	−0.25	0.3	0.19	0.01	0.8
2008	−0.72	0.65	0.66	−0.24	0.33	0.2	0.2	0.83
2009	−0.14	0.65	0.68	−0.01	0.24	0.21	0.02	0.41
2010	−0.04	0.56	0.67	−0.04	0.33	0.24	0.01	0.53
2011	−0.06	0.41	0.69	−0.06	0.41	0.44	0.02	0.51

资料来源:根据 WTO 数据库整理和计算。

金融服务贸易竞争力最强的国家是美国,它的 TC 指数一直在 0.6 以上,具有非常强的贸易竞争优势。英国从 2004 年开始 TC 指数大于 0.61,说明英国在保持其金融服务竞争力比较优势的基础上,竞争力呈稳步增强的趋势,由处于较强的竞争优势地位在 2004 年一步跨越到非常强的竞争优势地位。日本的 TC 指数在 0.1~0.3 之间波动,在 2005 年超过 0.3,呈现出较强的竞争优势,2011 年达到 0.41。德国的 TC 指数一直在 0.2 附近上下波动,整体来说还是显现出稳定的微强的竞争优势。法国与意大利的 TC 指数处在 -0.3~0.1 之间,说明其出口竞争力不强,甚至微弱。值得一提的是韩国,韩国的 TC 指数一直处于稳定上升趋势,到 2007 年和 2008 年,TC 指数达到最大。

其次,我们来分析显性比较优势指数,显性比较优势指数(Revealed Comparative Advantage Index,RCA)是美国经济学家贝拉·巴拉萨于 1965 年在《贸易自由化与显性比较优势》一文中提出的一个具有较高经济学分析价值的研究产业竞争力的测度指标。它是指一国某产品或某产业出口在世界该产品或产业出口中的比重与该国所有产品或产业的出口在世界出口中的比重之比,其计算公式为:

$$RCA_i = (X_i/\sum X_i)/(X/\sum X)$$

放在金融服务贸易中解释,即为 RCA_i 表示一国金融服务贸易的显性比较优势指数,X_i 表示同一时期内该国金融服务的出口额,$\sum X_i$ 为该国同时期内服务贸易的出口额,X 表示世界市场金融服务的出口额,$\sum X$ 为世界市场同期内整个服务贸易的出口额。

当 RCA<0.8 时,该国的金融服务贸易的竞争力较弱;

当 0.8<RCA<1.25 时,该国的金融服务贸易具有一般水平的竞争力;

当 1.25<RCA<2.5 时,该国的金融服务贸易具有较强的竞争优势;

当 RCA>2.5 时,该国的金融服务贸易的国际竞争力具有很强的竞争优势。

可以看出,RCA 数值越接近于 0,越缺乏竞争优势。一般来说,我们取 RCA 为 1 来衡量某产品(产业)的国际竞争力强弱,RCA 小于 1 表示该产品(产业)缺乏国际竞争优势,处于比较劣势状态;RCA 大于 1 表示评价对象具有国际竞争优势,或处于比较强的国际竞争优势状态。

表 2-9　世界主要国家金融服务贸易的 RCA 指数

年份	中国	英国	美国	法国	日本	德国	意大利	韩国
1999	0.023	0.737	3.64	0.581	0.479	0.833	1.302	0.093
2000	0.022	0.774	2.577	0.409	0.373	0.686	0.743	0.108
2001	0.076	0.733	2.563	3.7	0.434	0.963	0.291	0.247

续表

年份	中国	英国	美国	法国	日本	德国	意大利	韩国
2002	0.026	1.365	5.003	0.283	0.48	0.511	0.132	0.319
2003	0.031	1.424	5.318	0.251	0.539	0.456	0.126	0.276
2004	0.023	1.616	5.145	0.24	0.58	0.433	0.183	0.326
2005	0.028	1.649	5.566	0.197	0.57	0.41	0.217	0.278
2006	0.019	1.855	5.824	0.222	0.568	0.414	0.183	0.313
2007	0.031	1.928	6.08	0.207	0.605	0.403	0.227	0.413
2008	0.021	2.043	6.163	0.194	0.611	0.412	0.214	0.469
2009	0.023	2.216	6.324	0.216	0.627	0.422	0.349	0.497
2010	0.022	2.413	6.341	0.247	0.658	0.469	0.367	0.495
2011	0.026	2.633	6.497	0.289	0.694	0.413	0.346	0.463

资料来源:根据 WTO 数据库整理和计算。

可以看到,我国金融服务贸易 RCA 指数很低,从 1999 年到 2011 年间没有超过 0.1,只有 2001 年的 RCA 指数高于 0.05,其他的年份都在围绕 0.02 指数值徘徊。美国的 RCA 指数居于首位,并且近年来突破 5,稳定上升为 6 以上,它的国际竞争力之强是不言而喻的。英国的 RCA 指数在波动中呈稳定上升趋势,2010 年上升为 2.413,说明其具有较强的国际竞争优势。法国、日本、德国、意大利、韩国和中国的 RCA 指数低于 0.8,表明这 5 个国家的金融服务贸易国际竞争力较弱,并且 RCA 越小(越接近于 0),越没有竞争优势,缺乏竞争力。中国在这些国家中的 RCA 数值最小,是最没有竞争优势的国家。

2. 金砖四国金融服务贸易的比较①

中国、印度、俄罗斯和巴西作为新兴经济体的代表和发展中国家经济发展的主导力量备受关注。随着四国金融市场的逐步开放,金砖四国的金融服务贸易也得到快速发展。

第一,金砖四国金融服务贸易的比较分析。

首先,金砖四国与世界其他国家尤其是发达国家比较。金砖四国的金融服务贸易额占世界金融服务贸易总额的份额长期处于较低水平。最高的时期是印度在 2011 年达到 5.87%,这与发达国家的金融服务贸易所占份额相比有很

① 2001 年,美国高盛公司首席经济师吉姆·奥尼尔(Jim O'Neill)首次提出"金砖四国"这一概念,2010 中国作为"金砖国家"合作机制轮值主席国,与俄罗斯、印度、巴西一致商定,吸收南非作为正式成员加入"金砖国家"合作机制,"金砖四国"变成"金砖五国",并更名为"金砖国家"(BRICS)。本章分析以金砖四国为主。

大差距,美国 2011 年金融服务贸易总额占世界金融服务贸易总额的 40.6%。同期金砖四国的金融服务贸易占本国的服务贸易总额的比重过低,全都小于 5,这反映了服务贸易结构存在不均衡的问题。

其次,金砖四国内部比较。从金融服务贸易总量和金融服务贸易出口额看,印度一直处于领先地位,印度的金融服务贸易总量与中国相当,但出口额是中国的 2 倍,这说明印度在金融服务贸易规模上处于领先地位,巴西、俄罗斯、中国次之。在金融服务贸易进口方面,中国在四国中是金融服务进口最多的国家,金砖四国均为贸易逆差国家,巴西金融服务贸易逆差有缩小的趋势。从金融服务贸易的增速看,中国的金融贸易总额增长率最高,达到 20.05%,而印度出口增长率达到 61.13%,是金砖四国中增速最高的,中国的出口额增长率为 32.31%,处于金砖四国增速的第二名。

因此,无论是从总额、进口或出口额还是增速方面比较,在金砖四国中,印度都处于领先地位,中国的金融服务贸易水平和其他三国相比,存在较大的差距。以上表明我国金融服务贸易国际竞争力水平较低,要采取有效措施迅速发展我国的金融服务业。

表 2-10　金砖四国金融服务贸易发展　（单位:百万美元）

年份		2000	2001	2002	2003	2004	2005	2006	2007	2008	2009	2010	2011	增长率（%）
金融服务贸易总额	巴西	1674	1576	1844	1792	1677	2080	2677	3748	4876	5370	5696	6663	13.03
	中国	2754	3114	3596	5261	6736	8054	10416	12355	15006	14068	20200	24607	22.05
	印度	3342	3179	3257	2427	3721	5283	8091	11310	13729	12969	19575	23278	19.34
	俄罗斯	3342	795	970	1412	2365	2303	2585	3871	5293	3909	4272	4579	2.49
金融服务贸易出口额	巴西	688	497	596	486	528	641	1062	1633	2066	1943	2489	3166	13.72
	中国	186	326	260	465	475	695	694	1134	1697	2033	3058	4145	32.31
	印度	66	588	930	774	1183	2084	3470	4884	5852	5190	7785	8989	61.13
	俄罗斯	2399	201	254	324	512	713	965	1553	1964	1475	1516	1543	−4.49

续表

年份		2000	2001	2002	2003	2004	2005	2006	2007	2008	2009	2010	2011	增长率（%）
金融服务贸易进口额	巴西	986	1079	1248	1305	1149	1439	1615	2115	2810	3427	3208	3496	12.52
	中国	2569	2788	3336	4797	6262	7359	9723	11221	13308	12035	17142	206462	20.90
	印度	943	2591	2327	1652	2538	3199	4621	6426	7877	7780	11790	14288	28.74
	俄罗斯	2399	201	254	324	512	713	965	1553	1964	1475	1516	3037	−4.49
金融服务贸易差额	巴西	−298	−583	−652	−819	−621	−797	−553	−482	−745	−1484	−719	−330	9.21
	中国	−2569	−2788	−3336	−4797	−6262	−7359	−9723	−11221	−13308	−12035	−17142	−16318	20.90
	印度	−1456	−2003	−1396	−878	−1355	−1115	−1151	−1541	−2026	−2590	−4005	−5299	10.65
	俄罗斯	−1456	−394	−462	−764	−1341	−877	−654	−765	−1365	−959	−1241	−1494	−1.59

资料来源：根据 WTO 数据库整理和计算。

第二，金砖四国金融服务贸易国际竞争力比较分析。

表 2-11 中可以看出，印度的国际市场占有率一直保持上升。与其他三国相比显示出一定的竞争实力。在此期间，巴西的金融服务贸易国际市场占有率一直在 0.30～0.42 的区间范围内上下波动，2011 年有大幅提高。俄罗斯的金融服务贸易国际市场占有率由 1999 年的 0.12 增长到 2011 年的 0.39，10 多年间增长了 2 倍并有逐渐扩大的趋势。中国的金融服务贸易国际市场占有率增长近年明显加快。

表 2-11　金砖四国金融服务出口的国际市场占有率（%）

年份	1999	2000	2001	2002	2003	2004	2005	2006	2007	2008	2009	2010	2011
巴西	0.35	0.37	0.32	0.42	0.34	0.3	0.31	0.34	0.41	0.41	0.57	0.69	0.8
中国	0.13	0.08	0.1	0.06	0.14	0.07	0.09	0.07	0.09	0.1	0.6	0.85	1.05
印度	0.25	0.27	0.31	0.65	0.34	0.25	0.89	0.96	1.18	1.34	1.53	2.18	2.27
俄罗斯	0.12	0.1	0.13	0.17	0.16	0.19	0.24	0.27	0.44	0.44	0.42	0.43	0.39

资料来源：根据 WTO 数据库整理和计算。

表 2-12 中可以看出,金砖四国的 TC 指数在 1999—2011 年间都是负值,表明金砖四国在此期间都是金融服务贸易的净进口国,因而不具有出口优势。巴西和俄罗斯的 TC 指数呈现出微弱的比较优势。中国和印度的金融服务贸易竞争力指数则表现出较大的比较劣势。

表 2-12　金砖四国金融服务贸易竞争力指数(TC)

年份	1999	2000	2001	2002	2003	2004	2005	2006	2007	2008	2009	2010	2011
巴西	−0.31	−0.09	−0.37	−0.67	−0.46	−0.26	−0.38	−0.21	−0.13	−0.14	−0.28	−0.17	−0.05
中国	−0.2	−0.93	−0.90	−0.93	−0.91	−0.93	−0.91	−0.93	−0.91	−0.89	−0.86	−0.85	−0.66
印度	−0.51	−7.83	−6.14	−5.37	−1.89	−2.85	−1.60	−1.66	−1.36	−1.19	−1.27	−1.31	−1.28
俄罗斯	−0.11	−0.44	−0.50	−0.48	−0.54	−0.57	−0.38	−0.25	−0.20	−0.26	−0.25	−0.29	−0.33

资料来源:根据 WTO 数据库整理和计算。

表 2-13 中可以看出,金砖四国的 RCA 指数都在 0.7 以下,显示出劣势的金融服务贸易竞争力。其中,巴西的 RCA 指数介于 0.5～0.73 之间,是金砖四国中最高的,与其他三国相比具有相对的比较优势。印度的 RCA 指数在 0.21～0.5 区间内上下波动但呈现总体平稳的态势,俄罗斯的 RCA 指数则比较稳定,在 1999—2006 年期间一直保持在 0.2 左右,在 2007 年达到 0.38,近年来有所上升。中国的 RCA 是最不具竞争力的经济体。

表 2-13　金砖四国金融服务贸易显性比较优势指数(RCA)

年份	1999	2000	2001	2002	2003	2004	2005	2006	2007	2008	2009	2010	2011
巴西	0.7	0.59	0.53	0.73	0.62	0.55	0.49	0.5	0.58	0.52	0.48	0.51	0.43
中国	0.07	0.04	0.05	0.02	0.06	0.02	0.03	0.02	0.02	0.03	0.06	0.05	0.06
印度	0.21	0.25	0.28	0.55	0.27	0.15	0.41	0.37	0.45	0.5	0.47	0.37	0.34
俄罗斯	0.18	0.16	0.18	0.2	0.19	0.22	0.24	0.25	0.38	0.33	0.35	0.49	0.43

资料来源:根据 WTO 数据库整理和计算。

利用上述 3 个指标对金砖四国的金融服务贸易竞争力进行比较分析,得出以下主要结论:金砖四国的金融服务贸易竞争力整体呈变强趋势,但增速并不明显,且各经济体的发展速度有着明显的差别:印度在金融服务贸易国际市场占有率、贸易竞争力上都表现出比其他三国更强的竞争力,巴西则在显性比较优势上具有较强的比较优势,而印度、俄罗斯虽然也有波动但是呈现出不断上升的趋势,中国金融服务贸易的各项指标在四个经济体的比较中均处于最弱的位置,尽管中国金融服务贸易净进口额近几年有所下降,但国际市场占有率仍很低,金融服务贸易净进口的本质并没有被改变,在国际金融服务贸易市场上基本上没有竞争力。

二、中国沿海省市的金融服务贸易发展研究

随着中国金融业对外开放步伐的加快,金融服务业得到了空前的发展,已经逐步形成了一个以银行、证券、保险等服务部门为主,其他相关金融服务部门为辅的较为完善的服务体系。与此同时,对外货物贸易发展也刺激了对金融服务贸易的需求。因此,沿海各省市的金融服务贸易发展也值得我们进行研究。但在研究过程中,我们发现各省对金融服务贸易统计资料非常有限,考虑到数据的可得性,本章仅对数据完整的上海和浙江进行分析,另外,中国台湾、香港地区也是我们关注的对象。

(一)上海的金融服务贸易发展

上海是中国的金融中心,目前正在大力推进国际金融中心建设,积极稳妥推动金融和保险对外开放进程,提高金融和保险服务出口的国际竞争力。

1. 上海金融服务贸易规模

进入新世纪以来,上海金融服务贸易发展迅速。从图2-8可以看到,上海市的金融服务贸易的出口、进口及进出口总额在2000年到2007年间都呈现出明显的上升趋势,且增长速度都有加快的趋势。但在金融危机爆发的2008年,金融服务贸易下降很快。

具体来说,从金融服务贸易出口来看,从2000年的不足1000万美元增长到2007年的2.4亿美元,增长了近26倍。从金融服务贸易的进口来看,从2000年的1315万美元增长到2007年的1.4亿美元,增长了近10倍。从进出口的总额来看,除了2001年到2002年有所下降外,基本上处于稳步上升的趋势,且近几年增速加快。然而,从图2-8和表2-14也可以看到,虽然上海市的金融服务贸易的进出口一直发展迅速,但是从2000年到2006年一直处于逆差状态,只有在2007年这样一个楼市和股市异常快速上涨的特殊年份才出现了偶然的较大的顺差。

表 2-14　上海金融服务贸易统计　　　　(单位:万美元)

年份	2000	2001	2002	2003	2004	2005	2006	2007	2008	2009
出口	917	1518	913	1107	2735	6993	9429	24000	22000	8000
进口	1315	2204	2212	4534	3844	7886	13757	14000	28400	6000
总额	2233	3722	3125	5640	6579	14879	23186	38000	50400	14000
输出净额	-398	-686	-1299	-3427	-1108	-893	-4328	10000	-6400	2000

资料来源:上海服务贸易发展报告(2010)。

从表2-15可以看到,保险业贸易在上海国际金融服务贸易中占有绝对比

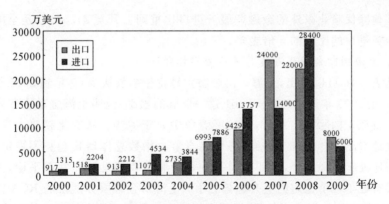

图 2-8　上海金融服务贸易进出口额

资料来源:《上海服务贸易发展报告(2009)》。

重。从上海国际金融服务贸易的业务内容来看,不管是国际金融服务贸易的进口,还是出口,保险服务贸易都处于绝对地位。2000 年以来,绝大部分年份内上海保险服务进出口在上海整个国际金融服务贸易进出口中占到 84％之上。进出口两者相比,上海国际金融服务贸易的出口又更依重于保险业。2000 年至2006 年间,上海保险业出口占上海国际金融服务贸易出口的比重高于全国的比重,相反,保险业进口的比重则低于全国水平。

表 2-15　上海保险服务贸易统计　　　　　　(单位:万美元)

年份	2000	2001	2002	2003	2004	2005	2006	2007	2008	2009
出口	17100	16800	17100	29000	39000	39400	40900	56000	76000	29000
进口	15600	17300	19200	36700	58500	59400	68400	80600	103300	264000
总额	32700	34100	36300	65700	97500	98800	109300	136600	179300	293000
输出净额	1500	−500	−2100	−7700	−19500	−20000	−27500	−24600	−27300	−235000

资料来源:上海服务贸易发展报告(2010)。

　　2006 年上海国际金融服务贸易结构开始逐步多元化。从 2006 年起,上海保险业进出口在整个上海国际金融服务贸易进出口中的比重迅速下降,除保险业以外的所有银行及其他金融服务贸易的比重开始上升。在 2005 年之前,上海国际金融贸易出口的 90％以上都是保险业服务贸易。上海保险业服务出口占上海国际金融服务贸易出口的比重远远高于全国保险业的出口比重,最大达到近 30 个百分点。2006 年之后,上海保险业服务出口比重开始下降,2007 年和 2008 年其比重已经降至 70％和 77.55％,低于全国水平。相应地,所有银行及其他金融服务贸易的出口则上升全 30％和 22.45％。在进口中也出现了同样的趋势。2006 年以后,尤其是 2008 年,上海保险业服务进口占上海金融贸易进口的比重仅为 78.44％,远远低于同时期全国 95.75％的比重。上海所有银行及其他除保险业以外的金融业服务进口比重则上升至21.56%,是全国同类金融服务进口的比重的5倍之多。

2. 上海国际金融服务贸易竞争力指标分析

从表2-16可以看出,上海市的金融贸易竞争指数从2000年到2006年一直小于0,在2003年甚至达到-0.61这一极低的水平,说明上海金融服务的生产效率一直低于国际平均水平,在国际竞争中处于劣势。从变化趋势上看,可以很清楚地看出,上海市的金融服务贸易竞争力指数总体增长趋势不稳定,在有些年份还处于下降趋势,说明上海市的金融服务业的发展非常不平稳,生产效率并没有处于一个稳定的上升趋势之中。上海市金融服务贸易的RCA指数在2000年到2007年间均为负值,说明上海市金融服务的出口处于比较劣势,国际竞争力较弱。

表2-16   上海金融服务贸易竞争力指标

年份	2000	2001	2002	2003	2004	2005	2006	2007
TC	-0.18	-0.18	-0.42	-0.61	-0.17	-0.06	-0.19	0.26
RCA	-0.889	-0.952	-0.961	-0.946	-0.879	-0.841	-0.885	0.831

资料来源:上海市服务贸易指南网、《上海服务贸易发展报告(2009)》。

(二)中国香港金融服务贸易的发展

中国香港是全球第四大国际金融中心、第六大外汇交易中心、国际性银团贷款中心、亚太第二大基金管理中心。中国香港金融业是中国香港的支柱产业之一。

1. 中国香港国际金融服务贸易规模

中国香港服务贸易一直有较大的贸易顺差,且该顺差呈现出稳定的上升趋势。中国香港金融服务贸易出口占服务贸易出口的比重一直处于7%以上,并且2000年以来,这一比重基本上处于上升之中,在2011年这一比重高达15%。金融服务贸易进口占服务贸易进口的比重也一直处于3%以上,且从2000年的3%一直稳定上升到2011年的8%,年均增长10.2%。

表2-17   中国香港金融服务贸易统计   (单位:亿美元)

年份	2000	2001	2002	2003	2004	2005	2006	2007	2008	2009	2010	2011
出口	48	49	46	42	50	67	97	129	125	118	137	159
进口	14	14	16	15	18	20	26	35	39	40	44	50
总额	62	63	62	57	68	87	123	164	164	158	181	209
输出净额	34	35	30	27	32	47	71	94	86	78	93	109

资料来源:根据 WTO 数据库整理和计算。

2. 中国香港金融服务贸易竞争力指标分析

中国香港地区金融服务贸易竞争力指数虽然有所波动,但一直非常稳定地处于 0.5 这一较高水平上,说明香港地区金融服务业的生产效率一直比较稳定,在国际竞争中一直处于比较稳定的优势地位。香港地区的 RCA 指数一直高于 1.5,说明香港地区的金融服务发展较稳定,表现出较强的国际竞争力。

表 2-18　中国香港金融服务贸易竞争力指数

年份	2000	2001	2002	2003	2004	2005	2006	2007	2008	2009	2010	2011
TC	0.56	0.56	0.49	0.47	0.47	0.54	0.57	0.57	0.53	0.49	0.52	0.52
RCA	1.62	1.7	1.67	0.43	1.36	1.52	1.7	1.89	1.65	1.74	1.89	2.01

资料来源:根据 WTO 数据库整理和计算。

(三)中国台湾金融服务贸易的发展

1980 年以前中国台湾地区金融体系一直受到严格的管制。1980 年以后,金融自由化成为全球趋势,台湾地区长期实行出口扩张贸易政策,对外贸易持续巨额顺差,外汇储备不断增加。在这种环境和条件下,台湾地区开始实行金融自由化政策,逐步开放金融市场。

1. 中国台湾国际金融服务贸易规模

在金融自由化政策的推动下,中国台湾地区金融服务贸易逐步发展起来。总体上,台湾地区金融服务贸易的规模相对较大,但呈现持续逆差状态。从统计数据上看,台湾地区金融服务贸易总量由 2000 年的 30.36 亿美元上升到 2011 年的 31.29 亿美元,2010 年受全球金融危机的影响有所下降,只有 23.62 亿美元,2000—2011 年平均增长率为 0.27%。

表 2-19　中国台湾金融服务贸易总额统计　　(单位:亿美元)

年份	2000	2001	2002	2003	2004	2005	2006	2007	2008	2009	2010	2011
出口	14.12	9.18	13.20	13.14	15.24	18.82	17.11	12.00	14.35	14.12	9.18	13.20
进口	16.24	14.44	18.09	23.48	20.89	23.37	19.49	12.10	14.22	16.24	14.44	18.09
总额	30.36	23.62	31.29	36.62	36.13	42.19	36.60	24.10	28.57	30.36	23.62	31.29
差额	−2.12	−5.26	4.89	−10.34	−5.65	−4.55	−2.38	−0.10	0.13	−2.12	−5.26	−4.89

资料来源:根据 WTO 数据库整理和计算

表 2-20 显示在分类项目方面,其他金融服务贸易的出口超过了保险的出口,但保险进口大部分年份是超过其他金融服务贸易的。

表 2-20　中国台湾金融服务贸易分类统计　（单位：亿美元）

年份	2000	2001	2002	2003	2004	2005	2006	2007	2008	2009	2010	2011
保险出口	6.07	4.04	5.63	4.51	3.82	3.65	4.09	4.73	5.13	6.07	4.04	5.63
其他金融出口	8.05	5.14	7.57	8.63	11.42	15.17	13.02	7.27	9.22	8.05	5.14	7.57
保险进口	5.87	7.36	9.53	12.36	12.05	9.67	11.67	8.81	11.55	5.87	7.36	9.53
其他金融进口	10.37	7.08	8.56	11.12	8.84	13.70	7.82	3.29	2.67	10.37	7.08	8.56

资料来源：根据 WTO 数据库整理和计算。

2. 中国台湾金融服务贸易竞争力指标分析

中国台湾地区金融服务贸易竞争力指数虽然有所波动，但总体呈上升趋势，由 2000 年的 −0.07 上升至 2008 年的 0.04，特别是 2008 年以后，TC 基本为正值，这表明台湾地区金融服务贸易的国际竞争力处于较高水平，且竞争优势越来越明显。台湾地区金融服务 RCA 指数有所下降，但从 2000 年台湾地区金融服务 RCA 指数呈现先降后升的趋势以后，显示性比较优势指数处于稳定上升状态。

表 2-21　中国台湾金融服务贸易竞争力指数

年份	2000	2001	2002	2003	2004	2005	2006	2007	2008	2009	2010	2011
TC	−0.07	−0.22	−0.16	−0.28	−0.16	−0.11	−0.15	−0.07	0.04	0	0.03	0
RCA	0.631	0.618	0.47	0.44	0.335	0.449	0.445	0.459	0.361	0.39	0.412	0.403

资料来源：根据 WTO 数据库整理和计算。

(四)浙江省金融服务贸易的发展

浙江近年来外贸的持续快速增长推动了浙江金融服务贸易的迅速发展。虽然近几年来浙江服务贸易发展迅速，但整体规模较小。

表 2-22　浙江金融服务贸易统计　（单位：万美元）

年份	2006	2007	2008	2009	2010
出口	810	776	2416	1146	1537
进口	928	1058	2831	1540	2089
总额	1738	1834	5247	2686	3626
差额	−118	−282	−415	−394	−552

资料来源：《浙江省国际服务贸易发展报告(2011)》。

浙江的金融服务贸易的出口、进口及进出口总额在 2006 年到 2010 年间都呈现出明显的先升后降再升的趋势，主要原因在于 2008 年发生的全球性金融危机导致出口大幅减少。虽然浙江省的金融服务贸易的进出口一直发展迅速，但是 2006 年以来一直处于逆差状态。

表 2-23　浙江保险贸易服务统计　　（单位：万美元）

年份	2006	2007	2008	2009	2010
出口	804	749	2034	1058	1335
进口	615	697	750	647	1064
总额	1419	1446	2784	1705	2399
差额	189	52	1284	411	271

资料来源：《浙江省国际服务贸易发展报告（2011）》。

从表 2-23 可以看到，保险业贸易在浙江国际金融服务贸易中占有绝对比重。从业务内容来看，不管是国际金融服务贸易的进口还是出口，保险服务贸易都处于绝对地位。2006 年以来，绝大部分年份保险服务进出口在浙江整个国际金融服务贸易进出口中都占到 88％以上。进出口两者相比，浙江国际金融服务贸易的出口又更依重于保险业。

表 2-24　浙江其他金融服务贸易统计　　（单位：万美元）

年份	2006	2007	2008	2009	2010
出口	6	27	382	88	202
进口	313	361	2081	893	1025
总额	319	388	2463	981	1227
差额	−307	−334	−1699	−805	−823

资料来源：《浙江省国际服务贸易发展报告（2011）》。

根据《浙江省国际服务贸易发展报告（2011）》统计，从结构上看，浙江省国际金融服务出口内容主要反映为境外金融机构所退回到境内机构或个人预付或多付的境外银行费用；国际金融服务进口的主要项目为支付境外银行金融机构向境内非银行机构所提供的信用证、银行承兑、企业信贷等金融中介服务、金融产品、金融工具等金融咨询服务以及境内机构境外上市所支付的经纪、发行、承销和兑付等费用，此外还包括了部分境内个人支付境外银行卡年费的支出。

总之，我国金融服务贸易是随着加入 WTO 后的开放进程和金融危机后的产业格局调整而不断发展的。自 2006 年结束过渡保护期，进入对外开放的深化阶段以来，经过 6 年的不断开放发展，我国的金融服务贸易获得了一定的增长，但与发达国家相比差距依然悬殊，主要表现在：虽然金融服务贸易出口额有小幅增加，但是进出口差额幅度变化更为明显，贸易逆差依然严重，金融市场和金融体系尚不完善,国际竞争力较弱。在全国沿海省(自治区、直辖市)中,上海和浙江相对于其他省份数据较为齐全,经过对比分析,浙江、上海的国际金融服务发展非常快,大有潜力。

三、海洋金融服务贸易业态研究:贸易融资服务

贸易融资就是指金融机构对于贸易主体在交易过程中产生资金短缺所提供的融资支持。这种融资支持既可以以现金的形式,也可以以担保或其他信贷的形式出现。贸易融资常有的方式有保理、信用证、保函、出口押汇、进口押汇、福费廷等。

(一)我国国际贸易融资发展现状

国际贸易融资业务是银行围绕着国际结算的各个环节为进出口商提供的资金便利的总和。与其他业务不同的是,国际贸易融资业务集中间业务与资产业务于一身,无论对银行还是对进出口企业均有着积极的影响,已成为许多银行的竞争焦点之一。随着国际贸易结算工具呈现多样化且新业务不断推出,相应的,国际贸易融资方式也呈现出多样性、复杂性和专业性的特征。

1.总体规模不断扩大

中国国际贸易融资量呈逐年上升趋势。根据国家统计局及人民银行信贷公告中数据显示,2005 年,中国进出口结算贸易总额达到了 1.4 万亿美元,而中资商业银行的贸易融资余额只有 170 亿美元,仅占 12%。2006 年我国外贸进出口总额 1.76 万亿美元,2006 年年末中资银行国际贸易融资余额仅为 220 亿美元,占银行贷款的 0.7%。按一年周转三次推算,累计发生额在 800 亿美元左右,仅占进出口结算总额的 4.5%。截至 2010 年年末,中国工商银行、中国农业银行、中国银行、中国建设银行四大国有商业银行已累计办理国际结算量 29940亿美元,办理国际贸易融资累计发生额上升至 2107 亿美元,是 2006 年的 2.6倍,国际贸易融资余额达到 902 亿美元,是 2006 年的 4 倍。

表 2-25　2010 年年末中国四大银行国际贸易融资分析表①

（单位:亿美元）

项　　目	工商银行	中国银行	建设银行	农业银行
国际贸易融资发生额	533.78	936.5	226.45	410.84
国际结算量	7827.12	10764.91	6669.76	4679.15

---

① 汇率按 6.50 元折合。

续表

项　目	工商银行	中国银行	建设银行	农业银行
贸易融资发生额占国际结算比例(%)	6.82	8.7	3.4	8.78
国际贸易融资余额	211.83	474.17	85.59	131.14
本外币贷款余额	67905.06	56606.21	56691.28	49567.41
贸易融资余额占外币贷款余额的比例(%)	2.03	5.44	1	1.72

资料来源:四大银行年报。

据统计,我国国有商业银行的中间业务占总收入的比重大都在10%左右,股份制商业银行的这一比重不到13%。2010年年末我国四大国有商业银行国际贸易融资业务数据分析如表2-25所示。以建设银行为例,2010年,建设银行全年完成国际结算量6670亿美元,比上年增长43.42%,实现收入30.47亿美元,增长46.02%。贸易融资表内外余额合计2622.10亿美元,增长52.76%。

但是2010年四大国有商业银行国际贸易融资发生额仅占自身结算量的7%,国际贸易融资余额仅占其本外币贷款总额的3%左右,而从发达国家银行业看,贸易融资一般占银行信贷的20%以上,我国相对占比太低。

2.贸易融资方式更加灵活、方便、多样化

为适应国际贸易的迅速发展,满足客户的需求,我国商业银行在开展融资业务时,也在积极地推出方便、快捷的服务手段,目前现代商业银行推出的客户统一授信管理办法与集团统一授信管理办法,就是对企业的所有贸易融资业务均纳入统一授信管理体系中,对企业进行授信评级,核定授信风险限额,使企业的所有贸易融资业务都在其授信额度内办理,避免了贸易融资业务逐笔上报审批的繁琐手续,满足了客户的时效性需求。

3.贸易融资对国际贸易结构优化效应显著

把国际贸易融资作为贸易政策的手段,国际贸易融资对国际贸易的增长和结构调整发挥了作用。如中国信保根据国家外经贸和产业政策,选择我国在国际竞争中具有比较优势的行业,突出支持高新技术产品出口,支持汽车、轨道交通、通信、飞机、生物制药、石油化工、软件、海外工程承包等八大重点行业,重点支持其中的优势企业,对这些优质客户提供全方位风险管理服务,以出口信用保险为核心建立风险管理体系,优化出口业务流程,同时提供担保、国内信用保险、劳务保险和信息咨询等增值服务。重点出口对象国家主要包括我国周边的一些国家和新兴市场国家,如俄罗斯、印度、巴西及东南亚、东欧、非洲、拉美的一些重点国家。这种政策的调整带有优化贸易结构和市场的倾向,是与我国总体贸易政策相适应的。

从产业来看,机电产品具有高技术含量、高附加值的特点,通过信贷支持,提高了中国机电产品的竞争优势,扩大了其出口,如表 2-26 所示。从 1994 年到 2008 年,随着对机电产品信贷支持力度的加大,机电产品出口的份额得到了稳定、快速的增长。1994—2007 年我国机电产品出口比重逐年上升,从 26.4% 上升到 57.5%。机电产品卖方信贷余额也是逐年增加的,1994—2008 年对机电产品出口的平均贡献度为 6.2%。

表 2-26　我国机电产品卖方信贷余额分析

年份	出口额（亿美元）	卖方信贷余额（亿美元）	卖方信贷贡献度（%）	机电产品出口比重（%）
1994	320	9.5	3.88	26.4
1995	438.56	47.6	15.94	29.5
1996	482.06	105	6.97	31.9
1997	593.1	168.92	14.27	32.5
1998	665.43	254.2	10.48	36.2
1999	769.74	344.7	12.04	39.5
2000	1053.13	365.9	7.79	42.3
2001	1187.87	452.84	2.28	44.6
2002	1570.7	525.21	1.34	48.3
2003	2274.57	603.47	1.28	51.9
2004	3234.04	705.26	6.71	54.5
2005	4267.47	1248.1	4.09	54.6
2006	5494.2	1599.99	5.23	56.7
2007	7014.5	1981	4.78	57.5
2008	5387	2335.39	6.34	47.5

资料来源:商务部网站。

从船舶产业来看,以中国进出口银行为例,进出口银行积极运用出口信贷、对外担保等多种政策性金融工具支持船舶的出口,我国 90% 以上的船舶出口是由中国进出口银行提供贷款支持的。截至 2008 年年末,进出口银行累计发放船舶贷款 1024.6 亿元人民币和 74.5 亿美元,进出口银行还开立出口船舶预付款退款保函 203 亿美元,这些举措共支持了 2698 艘、9258.4 万载重吨、价值 465.7 亿美元的船舶出口。开创了船舶融资的"中国模式",即"一站式,全方位"融资服务。

从高新技术产品来看,在进出口银行提供的出口信贷中,80%以上的贷款对象是国有大型企业,85%以上是高新技术产品出口企业,降低提供出口卖方信贷的门槛,向高新技术产品年出口额 300 万美元,或软件产品年出口额 100 万美元的企业提供高新技术产品出口卖方信贷,并执行最优惠的贷款利率,在出口卖方信贷投放中,高新技术产品所占比重较大,如表 2-27 所示,2002—2008 年平均所占比重为 32%,在出口信贷的优惠支持及其他政策支持下,高新技术产品出口所占比重提高,到 2008 年已接近 30%,这也符合我国整体贸易结构优化战略调整。

表 2-27　高新技术产品出口与出口卖方信贷

年份	卖方信贷金额 (亿美元)	卖方信贷比重 (%)	出口额 (亿美元)	出口比重 (%)
2002	163	40	678.6	20.8
2003	235.9	38.9	1103.2	25.2
2004	248.9	34.1	1653.6	27.9
2005	337.1	35.8	2182.5	28.6
2006	338.2	32.9	2814.5	29
2007	453.6	36.6	3478.2	28.6
2008	375.4	28.9	4156.1	29.1

资料来源:科技部网站。

4.贸易融资方式呈现出多样化趋势,贸易融资产品日趋丰富

贸易融资的发展之初,是作为国际结算的必要手段而被我国企业所熟知的。随着全球经济一体化,国际贸易与经济合作的方式和手段日趋丰富,近年来进出口贸易和经营环境的复杂多变,特别是汇率市场和利率市场的风云变幻,致使企业对银行金融支持的需求日益强烈。国内进出口企业不仅对商业银行融资资金支持有需求,而且在融资方式、融资便利性、规避汇率风险、提高财务收益以及改善财务报表等方面也对国内商业银行有了更高的要求。而贸易融资的方式则呈现出多样化的趋势,贸易融资的产品日趋丰富。国际保理融资、信用证融资、福费廷融资、打包放款融资、出口信贷融资都是常见的贸易融资方式。而近年来创新式贸易融资方式——补偿贸易融资也颇受好评。但受"国际金融危机"影响,为规避贸易中的风险,我国贸易融资有回归了传统贸易融资方式的趋势。

表 2-28 我国五大银行贸易融资业务及产品

银行名称	贸易融资业务	贸易融资产品
中国银行	信用证、进出口押汇、双保理、福费廷、海外代付、提货担保、买入票据、出口贴现	融付达、融信达、进出口汇利达
中国农业银行	打包放款、出口票据贴现、进出口押汇、提单背书、福费廷、假远期信用证、保付加签、国际贸易订单融资、国际保理、出口信用保险项下融资、出口单据质押贷款、出口商业发票融资、出口买方信贷、贸易项下风险参与	进出口融汇通、收付通
中国工商银行	授信开证、进口押汇、提货担保、出口押汇业务、打包放款、外汇票据贴现、国际保理融资业务、福费廷、出口买方信贷	进出口捷益通、贸财通、全程贸易通、保汇通、付汇理财通
中国建设银行	出口信用保险项下贷款、出口国际保理、出口商业发票融资、出口退税池融资 出口议付、打包贷款、出口托收贷款、非证项下信托收据贷款、海外代付业务、开立信用证、提货担保和提单背书、信用证项下信托收据贷款、远期信用证项下汇票贴现及应收款买入、跨境贸易人民币结算业务、福费廷	融货通、融账通、融链通
交通银行	进口贸易结算有汇出汇款、开立信用证、进口代收、进口保理等；出口结算包括汇入汇款、信用证通知、出口议付、出口托收、出口保理。国内贸易融资涵盖了国内保理、国内打包贷款等；国际贸易融资包括打包贷款、出口押汇、出口托收融资、出口发票融资、出口保理融资、进口押汇、进口代收融资、进口汇出款融资、进口保理	交元通、交银通汇、融企通

资料来源：五大银行网站。

5.贸易融资的外部环境已得到明显改善

就总体而言，中国贸易融资业务发展面临的政策环境在国内以正面的激励政策为主。如商务部与中国信保联合下发的《关于发挥出口信用保险政策性优势加快转变外贸发展方式的通知》要求重视出口信用保险风险防范和政策引导作用，称金融危机以来出口信用保险的风险防控作用充分体现，政策性功能进一步增强。要求增强政策的针对性和有效性，引导优化对外贸易结构，增创外贸竞争新优势，提高外贸质量和效益，推动贸易大国向贸易强国的转变；要求扩大中小企业承保规模，培育企业风险管理意识。而且要求出口信用保险重点支持机械电子、高新技术、纺织服装、轻工、医药、农产品六大行业出口，并对船舶、汽车、成套设备出口给予支持,扶持自主品牌、自主知识产权、战略性新兴产业、服务贸易四大领域发展,并增强中国信保综合服务平台功能,积极打造出口风险综合防控平台,将国家风险评价、出口信用保险、买家资信调查、商账追收等纳入平台管理。要求中国信保加强与商业银行合作,不断丰富出口信用保险产品,将风险管理与信贷结算相结合,共同为企业量身定制保险与融资服务方案,改善贸易融资环境,缓解企业融资难。

(二)我国国际贸易融资存在的问题

近年来我国国际贸易融资业务取得了较快的发展,但在发展过程中暴露出了存在的问题和不足,对我国国际贸易融资业务的科学有效发展产生了不利的影响。

1.贸易金融服务未能转变为"客户导向"模式

近年来,从事国际贸易的企业比过去愈发关注商业银行或其他机构提供的服务能否更加便利其整个交易过程、扩大信息来源、减少相关风险,使得出口商更快地得到付款,进口商更好地管理存货。企业对国际贸易结算和贸易融资服务的要求已经从最初的交易支付和现金流量控制的需求,发展到对资金利用率及财务管理增值功能的需求。国内商业银行结合客户的需求变化,已经开始对国际贸易融资产品进行创新与探索,但国际贸易融资业务尚不能突破传统樊篱,对比国内银行业,各家银行的贸易融资方式基本上千篇一律,以融资模式较为简单的打包放款、进出口押汇、进口 TT 融资为主,而国际保理、供应链融资等业务尚未能形成气候,业务额有限。为进出口商量体裁衣设计的结构贸易融资和个性需求产品,则更是鲜为人知。同时,国际贸易融资产品办理手续繁琐、审批手续流程长、效率低等问题也为客户办理业务带来了较大的困扰。应该借鉴国际银行业的做法,将传统的贸易融资方式与新的融资方式融合起来,银行的贸易金融服务从"产品导向"模式转变为"客户导向"模式将至关重要。

2.国际贸易融资发展与银行业务经营体系无法匹配

国际贸易融资业务由于自身具有的自偿性、贸易性、多产品性、高专业性等特点,要充分发挥贸易融资业务对整个商业银行经营的促进作用,就需要对贸易融资业务实行专业化的管理。而目前我国商业银行大多未建立专业化的贸易融资管理体系,贸易融资业务定位或者依附于公司业务条线、或者依附于国际业务条线,营销、产品、风险审查、政策管理等分散在多个部门,业务主线不明确,职能边界不清晰,流程环节多,难以形成合力和整体竞争力,以至于不能有效地推动国际贸易融资的创新发展。

3.国际贸易融资服务的技术手段薄弱

国际贸易融资业务对信息有着很高的要求,建立高效的管理信息平台不仅能使银行实时获得物流、资金流及融资信息,还是银行贷后管理及动态分析的重要工具。但是当前国内商业银行中,不但物流信息平台未有效建立,而且国际结算系统与外汇信贷系统、会计系统也大多独自运行,同时商业银行与国家外汇管理部门、海关部门之间也缺乏网络资源的共享和统一协调的管理,以致无法达到共享资源、监控风险、相互控制的目的。如银行为企业办理出口融资后,对企业何时收回货款无法通过会计系统进行实时监控和提示,造成还款资金被移走;又如银行为企业办理进口融资业务,银行无法及时了解货物进口报关的真实情况,以及无法获得企业是否在外汇管理局完成进口核销的信息,使银行很难把握企业进口的贸易真实性。我国商业银行较为落后的技术手段严重制约了国际贸易融资业务的健康快速发展。

4. 国际贸易融资风险管理体系不健全

国际贸易融资业务涉及客户的信用风险、市场风险、操作风险、国家政治风险等多种复杂的风险因素,因而需要建立完善的风险管理体系,利用先进的风险管理技术手段对整个业务操作的环节进行监控管理,并协调银行相关部门及各基层行之间的协同配合。

当前,我国商业银行尚未建立起全面的风险管理体系,普遍将风险管理的重点放在客户资信风险的防范上,对于应对市场风险特别是操作风险缺乏有效的手段和成熟的经验。在贷后管理上,仍按照传统的贷后管理模式对贸易融资业务进行贷后管理,缺乏专业化的贸易融资贷后管理模式,对国际贸易融资风险点没有达到真正的有效管理。同时,在实际发生融资风险时,在抵质押物的追索上、外方银行和企业的追偿上,都会出现法律造成的障碍,导致融资无法有效取得偿还而形成损失。

5. 国际贸易融资业务创新不足

当今的国际贸易无论在规模上、方式上都在向更高与更复杂的方向发展,与之相适应的是发达国家日益繁多的贸易融资方式,存在创新不足,种类少,融资方式单一等问题。而我国商业银行基本上仍以传统的融资方式为主,即以信用证结算与融资相结合的方式为主,重点局限于授信开证、进出口押汇、票据融资、打包贷款等,品种少,且功能单一,国际上新兴的保理、假远期信用证、福费廷很少有银行开办,加之商业银行对相关业务的宣传力度不够,也影响了新业务的发展,这些都很难满足那些已国际化了的进出口商的需要,而对于一些跨国公司而言,由于难以从国内银行获得服务,便很自然地去寻求外资银行,使国内银行白白丧失了业务。

6. 缺乏复合型的国际贸易融资业务从业人员

国际贸易融资业务是涉及国际金融、国际贸易、国际经济法、银行信贷、外汇法规、外语等诸多知识的一项业务,如国际贸易融资业务涉及国际金融票据的开设和国外各种票据的审核查验等,这就要求银行人员拥有丰富的财务知识、法律知识以及良好的外语水平。

国际上许多贸易融资的专业银行培养了一批贸易融资的专家,他们能够应用经济学的计量模型,科学设定经济变量及系数大小,将定性和定量相结合,合理预测风险大小。而且,不同的融资专家具备不同的专业知识,如国际贸易惯例,国际保险,仓储公司的运营网络,融资产品的国际国内市场价格波动等,他们组成专家小组,可以对项目潜在风险进行科学合理评估。这也是众多国际贸易融资的专业银行的核心竞争力所在。

7. 国际贸易融资业务的法律环境不完善

国际贸易融资业务涉及国际金融票据、货权、货物的质押、抵押、担保、信托等行为,要求法律上对各种行为的权利与责任有明确的法律界定,而我国相关金融立法明显滞后,诸多领域的法律空白、严格的金融监管法律体制以及过时的法律限制等,使融资业务的发展面临严峻的挑战。有些国际贸易融资常用的术语和做法在我国的法律上还没有相应的规范,例如,银行与客户之间的债务关系如何,进口押汇业务中常用的信托收据是否有效,远期信用证业务中银行已经承兑的汇票是否可以由法院止付等等。在我国现行法律环境下,商业银行开展融资业务面临较多的法律风险,而商业银行内部亦缺乏有效的融资业务法律风险防范机制。尤其是在产品创新方面,与法律、法规相对滞后的矛盾更加突出,隐藏着巨大的法律风险。

(三)宁波的贸易融资状况及存在的问题

1. 宁波的贸易融资现状

2012年,宁波市120余家成长型外贸企业得到中国银行宁波市分行、中国进出口银行宁波分行两家单位70亿元人民币的专项贸易融资配套支持。当前,宁波市开放型经济正在加快转型升级步伐,但受到土地、劳动力和资源等要素的制约,也面临着一些困难。欧债危机爆发后,作为宁波市第一大出口市场,欧洲经济持续低迷已经明显波及该市各类出口企业,一般日用品、造船、光伏行业等均受到不利影响,进一步加剧了当前的发展困境。为支持广大外贸企业的发展,外汇局宁波市分局和宁波市外经贸局都出台了一些支持措施。外汇局将在货物贸易、外商投资和境外投资等各方面推出一系列外汇政策,其中包括取消进出口核销等重大改革事项,并通过构建银企对接平台,加大对宁波市重点行业、重点领域的融资支持力度。外经贸局推出了百家成长型外贸企业金融帮扶名单,在宁波市外经贸企业网上融资平台中搭建专门对接百家成长型外贸企业金融需求的"金融帮扶平台",并在全国首创开通了出口退税账户托管贷款直达系统以简化出口退税融资手续,还将推进筹建宁波市外贸小额贷款公司工作等。

　　2.宁波贸易融资存在的问题

　　宁波贸易融资近年来虽然发展迅速,但还存在着很多方面问题,以海洋工程行业在贸易融资中存在的问题最为突出和典型,因此,我们针对海洋工程行业进行分析。

　　由于海洋工程行业在宁波发展时间短,宁波的金融机构对该行业的特点缺乏一定的了解,提供的贸易融资工具缺乏灵活性。主要存在以下问题:

　　第一,贸易融资期限短,不能涵盖整个海洋工程项目建造周期。

　　传统的贸易融资期限相对较短,一般为半年期的短期资金融资。贸易融资的期限包括额度合同的期限和融资品种的单次使用期限。合同期限是指额度合同的有效期间,海洋工程企业可采用的各项融资品种。在额度合同有效期间实际发生的业务,其履行期限届满日不受额度合同期限是否届满的限制,可循环使用额度的合同期限一般为1年;融资品种的单次使用期限是指海洋工程企业使用银行授信时,每笔业务对相应融资品种的单次占用期限,在海洋工程行业贸易融资合同中具体规定,一般情况下,各项融资品种的单次使用期限不超过3个月,个别融资品种最长不超过6个月;打包贷款最长不超过90天;远期信用证汇票贴现及应收款买入是在开证行授信期限许可的范围内,汇票贴现的期限为从贴现日到银行承兑到期日的期限,应收款买入的期限为从买入日到开证行付款到期日的期限;信托收据贷款原则上不得超过90天。

　　海洋工程项目通常具有规模大、工期长、工艺水平要求高、施工复杂、占用土地面积大的特点。海洋平台建造要求企业对设计、采购、施工、分包具备强而有效的管理能力,较强的运营组织管理能力,是海洋工程企业取得成功的根本保证。海洋工程建造项目工期长,一般需要2~5年的生产周期,在整个项目建设工期内,时刻面临着材料、人才成本,资金,汇率等波动的威胁。另外,海洋工程产品投资巨大,从建造到日常运营各个环节都面临各种资金风险,而现有的贸易融资期限太短,不能涵盖项目的建造期,对于海洋工程行业贸易融资来说是一个很大的缺陷。

　　第二,海洋工程单船价值高,传统的贸易融资只能解决部分资金缺口。

　　海洋工程行业具有高技术、高投入和高风险的特点。一般来说,海洋工程装备造价都比较高,有些甚至超过几亿美元,即使是一些海洋工程辅助船,其造价也都远高于同型传统船舶,建造企业必须具备强大的调配资金和融资能力。

　　一个不容忽视的现象是,在当今的贸易融资中,金融机构除了成为提供融资的中介,在很多方面缺乏作为。很多情况下,金融机构被基础交易捆绑,在基础交易出现问题后,缺乏紧急应对方案。由于海洋工程行业在国内起步时间较晚,目前贸易融资在该领域中运用缺乏灵活性。国外的金融机构通过融资租赁的方式对海洋工程行业支持了几十年的时间,但国内的金融租赁机构在此行业刚刚起步,受到诸多因素约束,对船舶和海洋工程项目的租赁服务其少。

另外,对外买方信贷,买方信贷及融资租赁业务,多数金融机构为转移风险,提出需要我国信用保险(中信保)承保,间接增加了船东或建造商的融资成本,同时也增加了项目融资的操作难度。

金融危机后,船东在船舶完工前只能支付20%左右的资金,余款放到项目交付后支付,这进一步加大了海洋工程企业的资金需求压力。因此船厂需要有雄厚的资金实力,以解决项目建造期间的资金缺口。传统的贸易融资和流动资金贷款只能解决部分资金缺口,船厂因此背负沉重的资金压力,造成企业的资产负债率偏高,经营风险随之上升。

第三,贸易融资方式不足,难以满足海洋工程企业装备融资的个性化需求。

虽然金融支持对海洋工程行业的发展有非常重要的作用,但海洋工程行业发展的内在资金需求巨大,受各方因素制约,贸易融资方式未能满足这样的需求,主要体现在以下三个方面:

一是支持力度整体欠缺。2005年至2010年,海洋工程行业增加值的年平均发展速度为35.7%,比贷款年平均增长速度高出16.3个百分点,表明金融支持的力度与海洋工程行业发展的整体需求还存在较大的差距。金融支持力度整体不足,使海洋工程行业发展缺乏进一步的动力。

二是支持对象过于集中。我国海洋工程行业内的贷款投入"垒大户"现象相当严重。一方面,贷款投向集中于大型海洋工程企业,造成了资源分配在海洋工程企业发展中的严重失衡,不利于海洋工程行业的整体全面发展。同时,贷款高度集中也加大了金融机构信贷资产风险。另一方面,中小海洋工程企业中很大一部分是高新技术企业,具有自主创新的机制和潜力,是海洋工程行业发展中最具活力的因素,对他们的金融支持缺失,从一定程度上影响了海洋工程行业跳跃式发展进程。

三是支持的针对性不强。虽然国家已经将海洋工程行业列为新兴发展产业,但没有出台项目的金融扶持政策。金融机构在对海洋工程企业发放贷款时,等同于一般性工业企业,在审查条件和利率水平等方面与其他企业没有任何差别,未体现出对支持海洋工程行业发展在整体金融服务中的重要性和突出地位,造成金融支持服务与海洋工程行业制定的发展方向不协调,支持作用未充分发挥。

四、海洋金融服务贸易业态研究：基础设施建设融资服务

项目投资规模大、建设周期长、自然垄断性强、建成后对其他产业的产品需求量相对较小、其产品或劳务数量和价格变化对国民经济其他产业影响相对较大。

(一)基础设施建设融资的特点

基础设施融资具有隐性社会贡献。例如，港口的经济效益除了少部分体现在行业本身创造的利税外，更重要的是蕴含在货主、航运企业以及其他相关者身上。对港口的需求是从对航运的需求中派生出来的，而航运又是为贸易服务的。港口活动只是实现目标的手段，而非最终目标。

基础设施融资资本的密集性、投资成本的沉没性与投资项目的不可分性。基础设施建设需要巨大资金投入，融资具有显著的资本密集特征。一旦进行投资建设，就很难移作他用。

(二)基础设施建设项目的资金来源

基础设施项目，根据项目性质和投资回报率高低可区分为：经营性项目、准公益性项目和公益性项目。

经营性项目是指投资回报较好，项目内部收益率超过商业银行长期贷款利率。正因为这类项目投资收益好，具有市场竞争力，对社会资金具有较强吸引力，因此完全能够通过市场化融资方式解决资金需求。这类项目投资资金以自筹为主，政府给予政策性支持。

准公益性项目是指项目能够盈利，但内部收益率未超过银行长期贷款利率，或者项目虽然亏损，但可以收回部分本金。具有一定的自然垄断性、建设周期长、投资回收期长、收益低的基础设施和部分基础工业建设项目，一般都属于准公益性项目。这类项目具有一定的盈利性，其投资主体为多元化，即由各级政府、企业和个人共同投资，采用多种筹资方式。

公益性项目是指项目投资无法收回，需增加投资才能维持项目正常运营。公益性项目通常包括国防科研、教育、生态环保、公共道路等领域。资金主要由政府负责。

(三)我国基础设施建设的发展

近年来，我国的基础设施建设迅猛发展。在这些基础设施中，铁路基本建设投资大幅增长，特别是在刺激政策下，铁路建设投资有望继续实现高增长。公路建设投资实现稳定增长；港口建设投资下滑趋势明显，特别是沿海港口投资下降明显，内河港口建设相对平稳。

表 2-29　我国沿海地区的基础设施投资比重　　（单位：亿元）

年份	2000	2001	2002	2003	2004	2005
沿海地区	18568	20559	23868	31557	40625	51139
全国	33110	37987	45047	58616	74565	94591
占比（%）	56.08	54.12	52.98	53.84	54.48	54.06
年份	2006	2007	2008	2009	2010	2011
沿海地区	59687	71791	87892	108461	133552	152034
全国	118957	150804	182915	250230	310964	376149
占比（%）	50.18	47.61	48.05	43.34	42.95	40.42

资料来源：《中国区域经济统计年鉴》、《中国统计摘要》、福建省统计局、江苏省统计局、《中国城市统计年鉴》、山东统计局等。

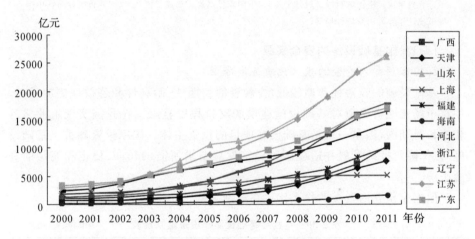

图 2-9　我国沿海各省的固定资产投资趋势

资料来源：《中国区域经济统计年鉴》、《中国统计摘要》、福建省统计局、江苏省统计局、《中国城市统计年鉴》、山东统计局等。

　　我们从图 2-9 和图 2-10 中可以看出，在 2000 年以后我国沿海地区的基础设施建设的比重占了全国的一半以上。但 2009 年以后占比有所下降，主要是由于 2009 年 4 万亿建设资金主要集中在中、西部。如此大的资金需求又如何提供融资服务呢？

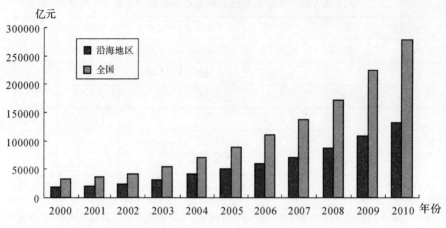

图 2-10　我国沿海地区和全国的基础建设投资对比

资料来源:《中国区域经济统计年鉴》、《中国统计摘要》、福建省统计局、江苏省统计局、《中国城市统计年鉴》、山东统计局等。

(四)我国基础设施的资金来源

1.国家预算内资金的投入比重逐渐降低

基础设施的收益性普遍较低,投融资的长期性、微利性和公益性更加显著,使得市场化融资渠道对基础设施建设的支持程度有限。在我国实现工业化的相当长时期内,国家一直是基础设施项目的投资主体。国家投资侧重于基础设施,以保障可持续发展并适应国民经济发展要求所需的长期、稳定和充足的资金来源。

但国家预算内资金的投入比重在逐渐降低。

表 2-30　全社会基础设施建设资金来源表　　　　（单位:亿元）

年份	总和	国家预算内资金		国内贷款		利用外资		自筹和其他资金	
		规模	占比（%）	规模	占比（%）	规模	占比（%）	规模	占比（%）
1981	961.01	269.76	28.07	122	12.69	36.36	3.78	532.89	55.45
1982	1230.4	279.26	22.70	176.12	14.31	60.51	4.92	714.51	58.07
1983	1430.06	339.71	23.75	175.5	12.27	66.55	4.65	848.3	59.32
1984	1832.87	421	22.97	258.47	14.10	70.66	3.86	1082.74	59.07
1985	2543.19	407.8	16.03	510.27	20.06	91.48	3.60	1533.64	60.30
1986	3120.58	455.62	14.60	658.46	21.10	137.31	4.40	1869.19	59.90
1987	3791.70	496.64	13.10	871.98	23.00	181.97	4.80	2241.11	59.11

续表

年份	总和	国家预算内资金		国内贷款		利用外资		自筹和其他资金	
		规模	占比（%）	规模	占比（%）	规模	占比（%）	规模	占比（%）
1988	4653.80	431.96	9.28	977.84	21.01	275.31	5.92	2968.69	63.79
1989	4410.39	366.05	8.30	762.98	17.30	291.08	6.60	2990.28	67.80
1990	4517.50	393.03	8.70	885.45	19.60	284.61	6.30	2954.41	65.40
1991	5594.49	380.43	6.80	1314.73	23.50	318.89	5.70	3580.44	64.00
1992	8080.10	347.46	4.30	2214.03	27.40	468.66	5.80	5049.95	62.50
1993	13072.30	483.67	3.70	3071.99	23.50	954.28	7.30	8562.36	65.50
1994	17827.12	529.57	2.97	3997.64	22.42	1768.95	9.92	11530.96	64.68
1995	20524.86	621.05	3.03	4198.73	20.46	2295.89	11.19	13409.19	65.33
1996	23358.57	625.88	2.68	4573.69	19.58	2746.6	11.76	15412.4	65.98
1997	25259.67	696.74	2.76	4782.55	18.93	2683.89	10.63	17096.49	67.68
1998	28716.92	1197.39	4.17	5542.89	19.30	2617.03	9.11	19359.61	67.42
1999	29754.55	1852.14	6.22	5725.93	19.24	2006.78	6.74	20169.7	67.79
2000	33110.42	2109.45	6.37	6727.27	20.32	1696.3	5.12	22577.4	68.19
2001	37986.98	2546.42	6.70	7239.79	19.06	1730.73	4.56	26470.04	69.68
2002	45046.51	3160.96	7.02	8859.07	19.67	2084.98	4.63	30941.91	68.69
2003	58616.29	2687.82	4.59	12044.36	20.55	2599.35	4.43	41284.76	70.43
2004	74564.93	3254.91	4.37	13788.04	18.49	3285.68	4.41	54236.3	72.74
2005	94590.84	4154.291	4.39	16319.01	17.25	3978.799	4.21	70138.74	74.15
2006	118957.00	4672.003	3.93	19590.47	16.47	4334.315	3.64	90360.2	75.96
2007	150803.60	5857.057	3.88	23044.2	15.28	5132.689	3.40	116769.7	77.43
2008	182915.30	7954.753	4.35	26443.74	14.46	5311.936	2.90	143204.9	78.29
2009	250229.70	12685.73	5.07	39302.82	15.71	4623.734	1.85	193617.4	77.38
2010	310964.20	14677.79	4.72	47258.01	15.20	4986.755	1.60	244041.3	78.48
2011	376148.90	17437.22	4.64	48912.04	13.00	5395.669	1.43	304403.9	80.93

资料来源：《中国经济统计年鉴》。

2.银行贷款是现阶段基础设施建设的主要渠道

近几年来，国家主要是通过扩大信贷规模等方式对基础设施建设给予支持。国家开发银行、建设银行、工商银行等国家政策性银行以及商业性银行在过去10多年中向基础设施建设发放了大量建设贷款。信贷融资在我国基础设施建设中得到广泛应用的原因是：政府主管部门贯穿于规划、建设、经营、还贷的全过程,项目风险得到较好地控制,有些大型项目还有政府主管部门的信贷担保,且基础设施项目虽然财务效益有限,但具有较稳定的投资回报率,金融机构乐于贷款。

3. 境外资金的投入比重先升后降

境外资金的投入在逐年升高但比重先升后降。以经营性基础设施为例,为了满足集装箱运输的高速发展,我国鼓励中外合资建设并经营公用码头装卸业务,允许中外合资企业租赁基础设施。

4. 自筹资金是融资的重要渠道

建设项目投资的特点是投资大,见效慢,财务效益有限。资金来源主要为企业自筹。企业一般采用股权融资,但上市融资门槛较高,对于收益率普遍较低的基础设施项目一般难以采用;只有具有竞争性项目和基础性项目属性的码头,在市场上才具有较强的竞争性和成长性,如集装箱码头就具备上市融资的能力。而具有基础性项目和公益性项目属性的一般综合性码头,由于其盈利能力不足,难以达到上市企业的要求,市场融资的可能性较小。

5. 项目融资方式逐渐在创新

一是充分采用 BOT 融资方式。为新建大中型基础设施项目筹集资金,BOT 方式是国外风靡的融资方式。其优点表现为两方面:首先,投资主体产权明确,项目建成后经营主体明确,容易形成具有现代企业制度的法人治理结构使得城市基础设施运行顺畅、运营效果良好;其次,节省政府大量财政资金。一般情况下,政府只要制定出一些必要的政策,拿出一定的建设用地即可。

二是推行 TOT 融资方式。通过转让大型基础设施项目的经营权,盘活存量资产,筹集再建设资金。由于资金、管理等诸多原因,全国不少基础设施,特别是中小型基础设施的运营状况欠佳;在这种情况下,积极推行 TOT 方式进行融资是行之有效的办法。政府主管部门将现有基础设施的经营权有偿转让出去,以形成新的经营主体,等合同期满再将基础设施的经营权回收。这样,一方面新的经营主体得到经营权后可以完全按照市场化原则和机制进行运作,从而取得良好的运行效果。另一方面政府不仅盘活了国有存量资产,而且又筹集了可观的再建设资金,形成政府筹融资的良性循环。

(五)基础建设融资服务面临的问题

1. 政府融资平台的清理和规范带来新的融资压力

2009 年下半年以来,国家层面对于地方政府融资平台可能带来的财政风险和金融风险给予了极大关注。2010 年 6 月 10 日,国务院下发《关于加强地方政府融资平台公司管理有关问题的通知》,从如何全面清理核实并妥善处理融资平台公司债务、对融资平台公司进行清理规范、加强融资管理和银行业金融机构等的信贷管理、坚决制止地方政府违规担保承诺行为等方面做了明确规定。目前清理地方政府融资平台主要是两条思路：对旧的债务划清责任，该谁承担债务责任必须承担；对未来或形成的债务及时切断地方政府与融资平台公司的联系，由融资平台公司自负盈亏、自担债务，防止地方政府再与融资平台公司产生千丝万缕的债务关系。政府融资平台的清理和规范，一方面直接导致基础设施建设融资总量减少；另一方面也使得基础设施项目融资成本上升。

2. 民间资本很难进入基础设施领域

尽管政府资金应集中于非经营性项目和收益性较差的准经营性项目在理论界早已达成共识，中央政府和各地方政府也以法规形式作过一些相应规定，但目前我国绝大多数基础设施项目实质上仍然是政府在独家投资。例如，在城市建设中许多地方政府不仅包揽了所有的基础设施项目，而且连楼堂馆所、批发市场等也是政府在建。目前各地基础设施建设最重要的投资主体——城市建设投资公司基本上都是国有独资公司，有的是企业编制，有的是事业编制企业化管理，但无论何种形式都是由地方建委直管，其实质还是一个政府部门。由于存在上述体制上的弊病，再加之基础设施项目投资规模巨大，项目本身盈利能力又差，改革开放以来，尽管我国的民间资本一直在日新月异地发展，进入基础设施领域的却很少。

（六）宁波港口基本建设及其融资

1. "十二五"期间宁波港口基本建设

根据宁波市"十二五"规划，到 2015 年，宁波市港口货物吞吐量将达到5.5亿吨，集装箱吞吐量达到 2000 万标箱，港口服务能力进一步提升，在上海国际航运中心的作用更加凸显，亚太地区重要国际物流中心和资源配置中心的雏形基本形成。为实现这一目标，"十二五"期间，宁波市将加快港航基础设施建设。

沿海工程投资 156.33 亿元。重点建成实华二期 45 万吨级原油中转码头、穿山港区中宅煤炭码头，新建梅山港区 3#～5# 集装箱码头、镇海港区 19#～20# 液体化工码头、镇海港区通用散货码头、梅山港区多用途码头、穿山港区LNG 码头、大榭港区小田湾油品码头等一批重点港口工程。其中，2011 年实施重点项目 14 个，总投资 47.2 亿元，大榭港区实华 45 万吨级油码头、穿山港区中宅煤炭码头、光明散货码头、LNG 接收站码头等将建成投用，新增万吨级以上码头泊位 6 个，新增货物吞吐能力 3480 万吨。

2. 融资渠道

据统计，宁波港口建设资金来源主要有以下 7 个渠道：国家预算内投资、交通部专项资金、国内贷款、港口单位自筹、地方自筹、利用外资、其他资金来源。从近几年我国港口建设资金来源情况看，它们在港口建设投资总额中所占比重分别为：国家投资约占1％，主要是政府的财政预算安排资金，包括国债；交通部专项资金占7％；国内贷款约占20％；港口企事业单位自筹资金占51％；地方自筹占8％；利用外资占8％；其他方式资金占5％。由此可见，国家投资和交通部专项资金合计约占8％（其中88％来源于港口建设费），其余5种方式资金来源于市场筹措渠道，占92％的比重。而其中地方自筹、单位自筹和银行贷款是港口企业融资最主要的手段，通过这种方式筹资的金额占港口总筹资的80％左右。政府对港口建设投资比例将不断缩小，市场化投资逐渐加大，加大市场融资力度是港口建设资金保证的关键。

3. 融资策略

第一，探索深水岸线出让收费模式。

目前我国深水岸线使用收费模式大致有三种：一是使用者无偿取得岸线，定期缴纳岸线使用费。按核定的岸线长度及规划的码头前沿线水深，具体负责向港口岸线使用单位计征岸线使用费，费用全额上缴市级财政国库。二是使用者在取得岸线使用权时，一次性支付岸线占用费。按不同用途收取标准不同的岸线占用费。三是合并处理，征收级差地租。岸线使用者不支付岸线使用费或占用费，而是以更高的价格得到岸线后方土地使用权。

探索有偿岸线使用的方式，合理分配有限的岸线资源。岸线资源是一种有限的资源，征收岸线使用费是贯彻港口布局规划、实现岸线资源合理调控的最有效的手段，是实现港口建设滚动开发的途径之一。

地主港模式是一种利用国家土地和岸线资源进行港口基础设施融资的方式，是在不需要政府财政投入的情况下最为稳定的投融资渠道，这正是大多数国家港口都采取这一方式的原因。由于港口建设具有投入资金大、回收期长的特点，私人资本获得收益的风险较高，在不能肯定投资能否得到回报的情况下，私人资本向港口基础建设的投入的积极性不高。实施地主港模式，可以通过直接出售、转让或租赁港口所有权，使港口、港口服务或港口经营等实现私有化。这种方式不会产生产权问题，可保障私人的经营利益，因此可有效吸引宁波充裕的民间资本。

第二，打造具有市场化融资能力的城市基础设施建设融资主体。

对于在建或计划建设的市政基础设施项目，可以考虑在国内外运作比较成熟的行业进行授权合同或BOT模式的改革试点，如生活垃圾处理行业，积累经验。

另外，合资模式是政府和私营企业按照一定的出资比例建设和运营基础设施，双方共同拥有设施并共同分担为社会提供服务的责任和义务。对于待建设施，政府和私营企业可以通过成立一个合资公司的方式来建设和运营；对于已建成的设施，政府可以转让部分股权给私营企业。不论是新建还是已建成的设施，对于设施的管理和运营通常会采用特许经营或管理合同模式公开招标某一家私营企业进行管理和运营,已达到降低成本、提高运营效率的目的。政府的责任是监督设施的管理运营、服务质量和环保达标情况。由于项目中注入了政府资本,合资模式可以提高投资者的信心,更好地引导社会资本参与基础设施的建设。通过这些方法,打造具有市场化融资能力的城市基础设施建设融资主体,使之具备发行城投债、资产固定收益证券、融资租赁等融资产品能力。

第三,加大对基础设施的财政补贴力度。

一般来说,生态环保和海岛基础设施项目的经济效益显现滞后,很难在资本市场中进行有效的融资。这时,财税政策对这类项目具有重要的调节作用。这种作用主要体现在:通过税收留成、补贴、优惠政策等减免税措施,对基础设施建设的"市场失灵"造成的效率损失,以税、金、费等形式进行适当的补偿,削弱效率障碍。

五、海洋金融服务贸易业态研究:租赁融资服务

租赁融资是金融业发展过程中银行资本与工商业资本相互渗透与结合的产物,是在现代化大生产条件下产生的商业信用与银行信用相结合的一种新的金融业务。租赁融资又称为金融租赁,或称完全支付租赁,它是指出租人根据承租人的说明及其确认的条件与供货人订立协议,从供货人处取得设备,并与承租人订立租赁协议,给予承租人使用设备的权利,并据此收取租金的一种租赁交易,这一租赁方式由于租赁公司支付设备的全部价款,等于向承租人提供了百分之百的长期贷款,所以又称为租赁融资,又因为在租赁期间,租赁公司通过收取租金的形式收回购买设备时投入的全部资金,包括成本、利息和利润,所以又称为完全支付租赁(如图 2-11 所示)。

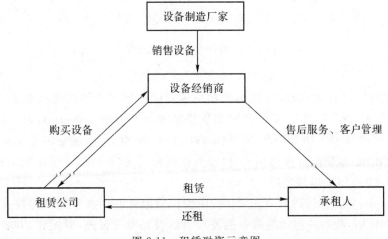

图 2-11　租赁融资示意图

(一)我国租赁融资的发展及规模

1.我国租赁融资的发展历程

我国是 20 世纪 80 年代初开始兴办租赁融资的,其发展历程大致可以划分为三个阶段。

第一阶段为 1981 年至 1987 年,是初期迅速发展阶段。全国有中外合资租赁公司 20 家,中资租赁公司 25 家,加上兼营租赁业务的机构,共计百余家。租赁额从 1981 年的 200 万美元增长到 1987 年的 24 亿美元。

第二阶段为 1988 年至 1998 年,是问题暴露、政策调整阶段。由于银行、财政等部门不得再为企业提供担保,美元、日元等外币不断升值,承租企业拖欠租金现象较严重。到 1994 年 6 月,中外合资租赁公司被拖欠的租金总额约为 6 亿美元,外方投资者纷纷撤资。加之,根据 1995 年 7 月 1 日起施行的《商业银行法》规定,商业银行陆续从租赁融资公司撤出股金,导致租赁融资业受到重创。

第三阶段为 1999 年至今,是恢复发展阶段。数据显示,2012 年全国租赁融资企业业务总量约为 15500 亿元,比上年增长 66.7%,其中金融租赁公司业务金额约为 1700 亿元;外商租赁融资企业业务金额约为 3500 亿元;内资租赁融资企业业务金额约为 5400 亿元。

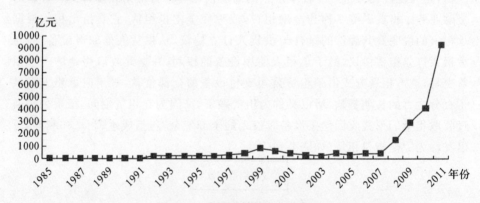

图 2-12　我国租赁额变化趋势图

资料来源:中国租赁网。

从图 2-12 中可以看出,我国的租赁融资业在局部范围内保持着上升的态势,而且从 1985 年到 2000 年我国租赁交易额的平均增长率为 81.9%,比同期的国内生产总值平均增长率 16.90% 高出了 65 个百分点,这是由于 2000 年经国务院批准,租赁融资业被列入"国家重点鼓励发展的产业"。因此我国租赁融资业在 2000 年后迅猛发展。

2006—2010 年的"十一五"期间,中国租赁融资业一直呈几何基数式增长,2007 年以后,我国的租赁融资业的发展可以说是突飞猛进,即使在 2008 年,虽然金融危机席卷了全球,我国的租赁融资反而逆流而上,获得了飞速发展。2009 年,受 4 万亿投资拉动,中国租赁融资行业发展呈直线上升趋势。业务总量由 2006 年的 80 亿元增至 2010 年的 7000 亿元,增长了 86 倍。2010 年,中国租赁融资业务投放金额超过 2000 亿,营业收入达 150 亿元,利润总额达 47 亿元,净利润 36 亿元。

2.我国租赁市场规模

从涉及的领域来看,大致可包括:房产租赁、设备或仪器租赁、汽车租赁、电池租赁、航空租赁、人才租赁、书籍音像租赁、服装租赁、玩具租赁、户外运动用品租赁等等,行业渗透相当广泛。

房屋租赁市场是中国房地产市场的重要组成部分,它盘活房屋存量,优化资源配置,搞活市场流通,正成为新的投资和消费热点。

全国资产在 3000 万元以上的从事工程机械租赁的专业租赁公司只有80多家,其余均为中小企业和个体户,而在发达国家具有相当规模的工程机械租赁企业就有数千家。中国工程机械年需求量为 2000 亿～3000 亿元,而租赁业务只为需要量的 10%,与高达 80%的国际平均水平相差甚远。

中国的汽车租赁市场仍处于起步阶段,在近 500 家国内汽车租赁企业中,绝大多数企业规模很小,缺乏抵御市场风险和市场拓展的实力。其中,有 80%企业的运营车辆不足 50 辆,70%企业的正式员工人数不足 5 名,85%企业的汽车租赁站点数低于 2 个。

除此之外,科技仪器租赁正兴起。面对市场的各种不确定因素,中国企业必须考虑减少固定资产投资的风险。科技租赁模式就是为了帮助企业应对各种不确定因素而产生的新型服务,企业可以用很少的钱来租赁昂贵的电子测试仪器等设备,既满足了生产和研发的需要,又节省了大量资金。金融危机促动中国企业开始主动咨询并选择科技租赁服务。

(一)我国租赁融资的现状

1. 三足鼎立

从租赁公司性质来看,我国存在三类租赁公司:一类是由银监会监管的金融租赁公司;一类是商务部监管的中外合资租赁公司;最后一类是上千家内资租赁公司,也归商务部监管。作为一个独立的行业已经基本形成,行业特征愈加明显,发展空间巨大。

表 2-31　2010 年和 2011 年三类租赁公司统计

租赁公司类型	企业数（家）		注册资金（亿元）		比上年增长（%）	业务总量（亿元）		业务总量增长（%）
	2010 年	2011 年	2010 年	2011 年		2010 年	2011 年	
金融租赁	17	20	459	513	11.8	3500	3900	11.5
内资租赁	45	66	190	239	25.8	2200	3200	45.5
外资租赁	120	200	180	270	50.0	1300	2200	69.3
总计	182	286	829	1022	23.3	7000	9300	32.9

资料来源:中国租赁网。

　　至 2011 年年底,全国在册运营的各类租赁融资公司共约 286 家,比 2010 年的 182 家增加约 104 家,其中,金融租赁 20 家,比 2010 年增加 3 家;内资租赁 66 家,比 2010 年增加 21 家;外商租赁约 200 家,比 2010 年增加约 80 家。注册资金总计约 1022 亿元,比 2010 年增加 23.3%。

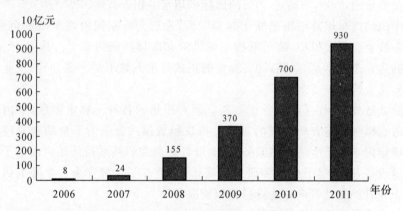

图 2-13　全国租赁融资业务总量

资料来源:中国租赁网。

　　2010 年年末国内 182 家租赁公司的租赁余额合计 7000 亿元,其中金融租赁 17 家公司贡献 3500 亿元,份额 50%;内资租赁 45 家公司贡献 2200 亿元,份额 31%;外资租赁 120 家公司贡献 1300 亿元,份额 19%。

　　一方面,三类公司的租赁业务在 2006—2010 年期间均处于快速扩张阶段;另一方面,金融租赁公司的市场份额不断攀升,即相比另两类公司呈现出更加强劲的增长趋势。

　　考虑到目前国内租赁行业的市场容量本身在迅速扩张,同时租赁公司的数量增长主要来自于平均租赁业务量较低的外资租赁,因此竞争环境仍然相对宽松。

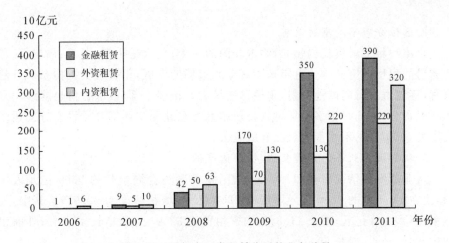

图 2-14　近年来三类租赁公司的业务总量

资料来源:中国租赁网。

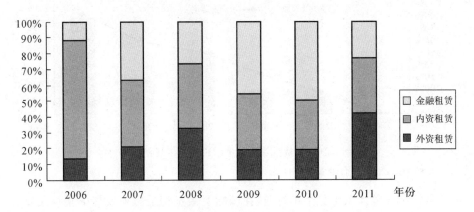

图 2-15　近年来三类租赁公司的市场份额

资料来源:中国租赁网。

表 2-32　三类租赁公司的优劣势比较

	优　势	劣　势
金融租赁	1. 允许同业拆借,融资成本更低 2. 银行系客户资源丰富 3. 风险控制体系更健全	受银监会监管,量化指标约束较多
内资租赁	受商务部监管,业务约束较少	1. 融资来源以银行贷款为主,融资成本较高 2. 均为 2004 年以后成立,经验少
外资租赁	受商务部监管,业务约束较少	1. 融资来源以银行贷款为主,融资成本较高 2. 部分为厂商租赁,标的单一

资料来源:华泰联合证券研究所。

2.区位分布不均有所改善

京津沪租赁融资机构领先,约占全国的一半;其次是山东、浙江、福建、江苏等省份的租赁融资机构。近年来随着金融市场的发展,租赁融资机构布局日趋合理,逐渐由沿海向内地辐射,规模迅速扩大。很多中部、西部省份也陆续设立租赁融资公司,同时很多租赁融资公司相继在东北和中西部开始设立分公司或办事处,机构分布不均衡的状况有所改善。

3.租赁融资业务总额增长快,但渗透率低

从业务发展情况看,2011年底,全国租赁融资合同余额约9300亿元人民币,比2011年初的7000亿元增加约2300亿元,增长幅度为32.9%。其中,金融租赁约3900亿元,增长11.5%;内资租赁约3200亿元,增长45.5%;外商租赁约2200亿元,增长69.3%。

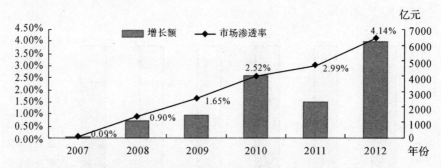

图 2-16　租赁融资业务量增长额及市场渗透率

资料来源:华泰联合证券研究所。

租赁在金融体系中是个小行业,在国际上衡量租赁行业发展的指标是市场渗透率(通过租赁实现的设备投资占设备总投资的比例)和 GDP 渗透率。我国租赁行业 FAI 和 GDP 渗透率平均大致为 2%和 1%,2010 年,中国租赁融资市场渗透率 2.52%,而世界租赁融资市场渗透率已接近 17%,发达国家一般在10%～30%之间,均远低于国际平均水平,因此,中国租赁融资市场前景广阔。

表 2-33　各主要国家租赁行业渗透率比较

国　家	年交易量(亿美元)	FAI市场渗透率(%)	GDP渗透率(%)
美国	2200	27.7	1.66
日本	645.5	9.3	1.48
法国	335.4	11	1.5

续表

国　家	年交易量(亿美元)	FAI市场渗透率(%)	GDP渗透率(%)
英国	228.6	12.7	0.96
韩国	76.2	9.4	0.86
巴西	138	16.9	1.29

资料来源:国际租赁年报、申万研究。

4.业务模式更加灵活多样

截至2011年,17家银行系租赁公司总资产规模达4635亿元,营业收入228.88亿,利润总额63.35亿,净利润49.26亿。金融租赁公司在2010年实现营业收入107.62亿元,利润总额达35.32亿元,净利润27.37亿元,各项数据均有较大增长。

缓解支付压力的直接租赁融资、资产增值变现滚动发展的售后租回、表外融资降低负债的经营租赁、损益共担的风险租赁、租赁融资服务投资并购的复合交易等多种业务模式,满足了客户的多种需求,但国内主要租赁公司的盈利核心驱动要素还是净息差和杠杆率。

租赁融资主要以净息差为核心盈利模式,而经营性租赁则以租金收入为主要盈利模式。目前中国金融租赁行业中,经营性租赁和融资性租赁的占比约为20:80,而在租赁融资中售后回租占超过80%,因此性质更接近银行贷款。衡量租赁行业的核心财务指标包括净息差、杠杆率、不良率和拨备覆盖率。

银行系租赁公司中,华融租赁净利差达到4%~4.6%,交银租赁净利差在3%以上。非银行系租赁公司中,渤海租赁平均内含报酬率为7%~8%,而借款成本为5.8%~5.9%,净利差大致为2%。国外可比租赁公司净息差平均为3%~6%。

租赁公司杠杆率(剔除未实现租赁收益后的租赁款余额/注册资本)在2~4.5倍。租赁公司融资提升杠杆率的方式主要有四种:一是发行金融债券;二是银行贷款或进入同业拆借市场;三是和信托公司合作发行理财产品等等;四是租赁公司和银行探讨以保理业务实现租赁资产证券化。

5.法律法规的健全

随着租赁融资业的法律、会计准则、行业监管和税收政策的不断完善,我国租赁融资业的发展拥有了一个完善的政策环境。1999年以来,商务部和银监会相继出台了规范和促进租赁融资产业发展的监管法规;国家税务总局、财政部也出台了配套的税收法规和财务处理规则;尤其是2004年以来,对外商独资租赁融资企业的放开、商务部和国家税务总局联合批准内资租赁融资试点企业以及银监会发布《金融租赁公司管理办法》，以及《租赁融资法》正处于草拟和征求意见阶段。这些政策或法规的陆续出台，对促进我国租赁融资业的发展具有重要意义。

(三)我国租赁融资业存在的问题

1.租赁机构的权益缺乏有效保障

一是缺乏信用保险制度。由于租赁融资的租赁物的价值大、租期长，承租人欠租使租赁机构承担着巨大风险。目前我国租金拖欠情况严重，致使许多租赁企业步履维艰，甚至不能正常经营。据统计，我国租赁公司到期债权被拖欠金额平均占营业总额的30%，严重的达60%~70%。

二是缺乏政府支持和金融支持。国外租赁融资业迅速发展的原因之一是政府的大力支持，美、日等许多国家都实行税收优惠政策、加速折旧办法、提供低息贷款以及推行信用保险制度等。而我国国家财政支出中对租赁业没有任何投资，在税收方面也只是给予有限的优惠，使我国租赁融资业的发展环境不够宽松。

三是税收政策有待明晰。目前租赁融资营业税、增值税的适用，印花税的缴纳、发票的开据等方面，由于各地税务主管部门理解不一，造成执行过程中不断有新的问题出现。国家税务总局在上海的增值税试点，对租赁融资业发展将起到积极的推动作用，但也存在发票取得、操作层面不明晰，基层税务所在执行层面理解不一的情况。

2.租赁机构缺乏稳定的资金来源

租赁融资业务的特殊性决定了租赁机构必须有长期稳定的资金来源。发达国家的租赁资金来源主要有两条渠道：其一，来自于银行和金融机构(3~5年期)；其二，发行企业债券和商业票据。

我国租赁机构的业务由于无法纳入国家信贷计划，因此在融资方面受到限制，缺乏稳定的资金来源。具体来说，一是自营租赁业务除了股权融资外，只能依赖金融机构借款；二是外资或中外合资租赁公司主要被当做吸收外国金融投资的手段，权益融资与债务融资的来源由国外股东运作，抑制了外资租赁公司的作用；三是中资租赁公司因我国实行外债规模管理，削弱了中资租赁公司通过转租赁方式和回租方式进行外汇融资，只能进行有限方式的人民币融资；四是由于金融市场不发达，难以通过金融市场筹集资金，造成租赁机构拥有的资金数量远远达不到业务发展的需要。

3.租赁方式单一

我国的租赁融资方式多为自营租赁。自营租赁是指出租人自行筹资购买设备，再出租给承租企业使用的租赁方式。直接租赁、转租租赁、回租租赁等较为先进的方式使用较少。这些较为先进的租赁方式之所以使用少,其原因除了业务处理程序复杂外,税收减免也不如国外优惠。如美国采用杠杆租赁方式,物主出租人可以利用20%~40%的投资获得100%的税收优惠,贷款人还可获得固定的以设备为担保的利息收入,承租人可以分享出租人的税收好处,减少租金数额。我国财税部门规定,购买国产设备,设备价款的40%可在当年新增所得税中抵免,但对承租人在租赁融资业务和出租人在经营租赁业务中如何实施,则没有明确规定。

4. 租赁融资人才匮乏

我国租赁融资业已进入快速发展阶段,但租赁融资的专业人才匮乏,特别是较为全面掌握与租赁融资相关的法律、会计、税收、营销、管理、定价的专业人才奇缺,无法适应行业发展的需求。

5. 控制风险不足

受传统投融资理念的桎梏,仍然有相当多的租赁融资公司把租赁做成贷款或销售,靠零首付、低租赁费率盲目竞争,靠利差单一的盈利。另一方面,企业资产管理平台、资产退出渠道、维修及再制造产业链尚未建立,在经济环境发生变化的情况下,一些公司欠租比例提高,经营风险显现。

(四)宁波租赁融资现状及面临的问题

宁波不但拥有优良的水域,而且集聚了众多船用设备配套企业,产业链优势明显。目前,该市有造船企业和渔船修造企业65家,船用配套企业50余家,造船能力达250万载重吨,其中,建造万吨以上船舶的企业有20家。同时,船舶的资金需求量大,施工期长。因此,宁波的租赁融资在船舶制造业应用广泛,我们以对宁波船舶租赁融资的剖析来代替整个租赁融资业。

1. 宁波船舶租赁融资业的现状

宁波一方面有良好的航运业基础,另一方面拥有自己的船舶交易市场,这些都为船舶租赁融资业提供了丰富的项目资源。设立这样的租赁融资公司之后,有需求的企业无须一次性支付巨额购机或购船费用,只需通过租赁融资分期支付租金,可以大大降低资金压力。

2010年2月,中国银监会曾发布《关于金融租赁公司在境内保税地区设立项目公司开展租赁融资业务有关问题的通知》,允许金融租赁公司在保税区设立特殊目的公司,购买飞机、船舶、海洋工程结构物以及中国银监会认可的其他设备资产。此后,宁波保税区已设立了5家租赁融资项目公司,租借物标的总价近7亿元。5个租赁融资项目都采用了国际通行的单机单船租赁模式,即针对一艘轮船、一架飞机,甚至一台大型工程机械,单独注册一家项目公司,实行单独管理、单独核算。

宁波将以租赁融资为突破口,出台专项政策扶持船舶交易、租赁融资、船舶产业基金齐头并进,着力打造港航服务功能区,推进宁波国际航运中心和区域性金融中心建设。而华融金融租赁公司 2012 年进一步在保税区设立 10 个项目公司。

2.宁波船舶租赁融资存在的问题

一是认识不足。国内航运、造船企业融资大多采取贷款方式,对租赁融资的认知面较小。目前人们对于诸如房屋、汽车等传统租赁形式已不陌生,但对于船舶租赁融资却知之甚少。国内很多航运企业对于以租赁融资方式添置船舶和以抵押贷款、分期付款等方式购置船舶的本质区别还没有搞明白,更不可能主动利用这一方式;

二是租赁融资机构自身专业性不强,与船舶相关专业机构的合作不密切。由于船舶融资本身具有投入高、技术性强及回报期长的特点,因此租赁融资机构特别应注重以下两点:第一加强自身的专业水平;第二注重与船舶经纪人、船级社及船舶交易市场等专业机构的紧密合作,以了解船舶在设计、建造、运营和交易各个阶段的价格与技术状况,最大限度地防范船舶融资的技术、市场和财务风险。相对而言,我国租赁融资机构目前的专业水平较低,与船舶经纪人、船级社等专业机构的合作又少,因而在进行船舶融资时,只能依据一般企业的贷款规则,不能针对航运、造船业的特点进行信用评估。通常的情况是,航运企业资产负债率偏高,造船企业可用于融资抵押的资产较少,而在建船舶抵押本身又难以审定其准确的价值。

假如国内的租赁融资机构单纯依靠自身的力量来开展此项业务,那么在船舶融资立项、实施与运营等环节上,都面临着难以独立防范的技术、市场和财务风险,进而造成难以下决心,加大对船舶领域融资力度的心理负担。

三是租赁融资机构自身实力普遍不强,中长期资金来源渠道不够通畅。租赁融资公司属于非银行金融机构,具有同银行一样充当信用中介的职责。按照现行规定,租赁融资公司资金来源的范围十分狭窄,并且以短期资金居多。而船舶租赁融资业务项目的资金需要量大,时间较长,一般需要两三年,长的要四五年,属于中长期性质的融资。所以目前从事船舶租赁融资业务缺乏符合其业务特点的长期稳定的资金来源。

相对而言,我国金融机构目前的专业水平较低,与船舶经纪人、船级社等专业机构的合作较少,因而在进行公司融资时,只能依据一般企业的贷款规则,不能针对航运、造船业的特点进行评估。除此之外,缺乏资本雄厚的船舶租赁融资公司作为融资主体来为船舶工业吸纳大量资金也是阻碍船舶租赁融资发展的一个主要原因。如果融资主体依然是现有的造船、航运企业,将很难吸引政府、商业银行、社会资金在船舶领域加大投资力度。此种态势下,业内人士认为,金融机构的专业水平以及大规模船舶租赁融资公司,是推动船舶租赁融资业务开展的关键要素。不过,由于船舶租赁融资公司在发展上还存在着税收等某些制约因素,一时还难以形成资本雄厚的专门从事船舶租赁融资业务的经济实体。

六、宁波发展海洋金融服务贸易的策略研究

海洋经济是技术密集和资金密集性经济,金融体系的支持对于海洋经济的发展发挥着至关重要的作用,在某些情况下,它直接关系到特定海洋经济项目的成败。同时,海洋经济也为金融业提供了巨大的发展机遇。而有效优秀的金融制度设计和安排将成为吸引资金、技术流向海洋经济的磁场。

(一)宁波发展海洋金融服务贸易的必要性

浙江省"十二五"金融规划中指出,宁波、杭州是浙江省重点发展的金融中心,尤其是宁波,更是重点发展的海洋金融服务中心,包括港航金融服务中心。宁波在浙江海洋经济发展规划中具有得天独厚的海洋资源优势与区位优势,针对近1万平方千米的"蓝色国土",宁波提出海陆联动,着力构建现代海洋产业体系,将建设"三位一体"港航物流服务体系、择优发展临港工业、建设新型海洋产业基地等。

金融服务将有力促进宁波海洋优势产业的发展。企业上市和发债,可以做大做强本土优势企业,带动行业发展;租赁融资,可以促进船舶销售,壮大航运力量;股权投资,可以培育和发展海洋科技企业,促进海洋科技创新;各种融资产品和融资服务创新,可以有效缓解资金压力,合理分配风险,规范企业经营运作,提高企业经营管理水平;外汇服务开放,可以促进对外贸易,提升地位,促进港航产业发展;对外对内金融开放,可以吸引国内外各类资金、各类金融经济组织,丰富金融经济服务,提高金融经济发展水平。这些好处,只是基于当前金融服务的特点和可能的创新而言,如果形成某类金融服务及机构的集聚,在总体实力、服务特色、专业水平等方面,形成宁波海洋金融的鲜明特色,其发挥的作用将不只是金融行业的资金、服务支持,而且包括金融集聚形成的资金流、信息流、产业链条的集聚和重整,其对其他产业的溢出作用将十分显著。

(二)宁波市海洋经济发展和金融支持现状

1.宁波市海洋经济发展现状

宁波市海域总面积为9758平方公里,岸线总长为1562千米;其中大陆岸线为788千米,岛屿岸线为774千米,占全省海岸线的三分之一,发展海洋经济

条件得天独厚。

宁波拥有潮间带滩涂面积约 10.4 万公顷,面积之大居浙江省首位,围涂造地和从事养殖的开发条件优越,是宁波建设沿海工业区的重要后备土地资源,可直接用于养殖的面积约 1.87 万公顷。拥有 10 米以上的浅海面积约 7.67 万公顷,其中可直接养殖面积约 3300 公顷。近年来,宁波市海洋经济已形成了较为完整的产业体系,海洋渔业、海洋旅游、海洋交通运输业、海洋船舶工业和海洋工程建筑业、海洋生物医药业、海水综合利用业等传统和新兴产业都得到了迅速发展。2010 年,全市海洋经济增加值达到 806 亿元,占地区生产总值的 16%;港口货物吞吐量达到 4.1 亿吨,集装箱吞吐量突破 1300 万标箱,分别居全球第 4 位和第 6 位;实现临港工业产值超 7000 亿元,进出口总额 829 亿元,大宗商品交易额 2000 亿元,形成了自南而北百里临港产业带。2011 年上半年宁波海洋经济总产值达 1614.4 亿元,实现增加值 431.8 亿元,占全市地区生产总值的 15.9%;海洋经济增加值同比增长 12.3%,高于全市经济增速两个百分点。

2. 宁波市金融支持海洋经济发展的现状

据不完全统计,截至 2010 年年末,仅奉化海洋业信贷资金超过 4.2 亿元人民币,主要形式为渔船抵押贷款和农户联保信贷,其中约有 440 艘渔船进行了抵押贷款,共计超出 1.9 亿元人民币。中国工商银行宁波分行近年来加大了对宁波海洋经济发展的信贷支持力度,仅向宁波海洋渔业、海洋运输业、海洋石油天然气业、滨海旅游业、沿海造船业中的 103 家企业发放的贷款余额就达 151.98 亿元,并为宁波临海、临港开发区等海洋经济相关基础设施建设贷款 11.06 亿元。从调查情况看,宁波市金融支持海洋经济发展现状如下:

第一,海洋经济概念备受追捧,直接投资和境外融资大幅增加。受益于宁波市得天独厚的区域优势和雄厚的经济基础,看中海洋经济蕴藏的巨大商机,一些风险投资机构和世界 500 强企业纷纷投资浙江的海洋经济项目。2011 年 11 月 11 日,首届中国海洋经济投资洽谈会在宁波成功举行,约有 3600 亿元的涉海项目签约。

第二,政府扶持海洋经济发展。鉴于发展海洋产业周期长,企业势必需要投入大量资金,而目前银根紧缩,企业贷款较难。政府通过私募的方式,从民间募集资金,宁波市将发起设立总规模达 100 亿元的海洋产业基金,这笔基金将投向好的海洋产业项目,从而推动整个产业的发展。

第三,海洋渔业转向民间借贷。一是海水捕捞业萎缩,相关渔户纷纷转型。近年来受过度捕捞和环境污染双重影响,作为传统海洋作业模式的海洋捕捞业每况愈下。渔民从事海洋捕捞的经济效益大幅降低,迫使不少渔民或"弃海务农"，或"弃船经商"。二是近海养殖业企业和个体户间民间借贷行为增加。

（三）宁波发展海洋金融服务贸易的思路

宁波从金融产业发展来看，并没有天然优势。因为北临上海，而上海是国家内定的国际金融中心，更是长三角地区的金融中心，国际航运金融中心是其目标之一。如何扬长避短，推进海洋金融发展呢？那就是敢于创新，形成海洋特色金融。

宁波应主要围绕港航物流、海洋制造、海洋科技为主线，发展海洋经济，开创出开发利用海洋资源的新道路。强调要通过各种融资手段来支持临港工业的发展，推进产融结合实现临港工业的集群化、规模化发展，以金融手段来支持重大的海洋工业设施与项目建设。积极开展科技金融试点，努力创新科技管理机制、创新财政科技投入方式、建立科技金融专项资金，创新金融产品和服务模式；推动银行组织体系和机制创新，加快研发适合高科技产业特点的信贷产品；健全信用担保体系，增强科技金融的风险防范能力。

（四）宁波发展海洋金融服务贸易的策略

1. 围绕港航物流金融服务中心建设，构建海洋特色金融的总体框架

一是大力开办港口物流金融业务。依托港口物流产业的爆发式发展，配套开办港口物流金融业务，为整个港口物流链条提供完整的金融服务。可以根据实际需要开办港口物流金融业务体系中的订单融资业务、应收账款融资业务、存货质押融资业务、仓单质押业务、保兑仓业务、商品货权和库存混合融资模式、融通仓模式及经销商集中融资模式等。

二是大力开办外汇业务。伴随着宁波港的建设，需要大力开办与港口物流相关的外汇业务，除了继续开办外汇存款、外汇贷款、外汇汇款和结售汇业务外，加强对相关金融外汇服务产品的研发和创新，做大资信调查、外汇保理、涉外咨询、见证等业务，同时积极拓展如物流金融、账款融资、避险理财等外汇业务新品种，提高国际结算能力，进一步促进贸易和投资便利化，全方位完善外汇业务服务环境。

三是建立和完善海上保险保障体系，大力发展海洋保险。支持发展包括货运保险、船舶保险、海事责任保险和海上石油开发保险等在内的航运保险，为国际物流岛和国际枢纽岛的建设提供风险保障。探索实行船舶碰撞强制责任险，进一步创新海事责任保险。

四是大力发展租赁融资业务。加强大宗商品交易企业、承运企业以及银行类金融机构与租赁融资机构之间的业务联系，推动业务创新，共同推进港航租赁业务发展。

2. 围绕大宗商品交易中心建设，推动大宗商品价格金融指数化

一是在完善大宗商品交易平台的交易、异地结算、货物交接、仓储、运输等

功能的基础上,推进现货中远期、现货特约等多元化电子交易功能,开展保证金交易等服务。

二是逐步开发各类大宗商品现货、远期价格指数,鼓励大宗商品交易的合约标准化和价格指数化,形成价格指数交易功能和交易市场,满足交易商套期保值、风险管理的需求,以各种灵活多变的方式,发展场内场外交易市场,探索发展衍生金融产品,充分发挥和利用当今大宗商品交易价格金融化的特点。

三是积极开展交易平台金融延伸服务。大力发展金融仓储模式,发展基于港航物流的抵质押等融资业务和基于港航物流企业的供应链融资、避险产品;依托金融服务平台,提供标准化、网络化金融创新产品,以及综合性的整体金融服务方案;开拓港航物流金融的新业务领域。在租赁融资的 SPC、大宗商品保税服务、保税港区离岸业务等领域,延伸金融服务,增强港航金融的竞争力。

3. 围绕海洋新兴产业,提升海洋金融总体实力

一是大力发展针对海洋重点产业和新兴产业的股权投资服务。发挥服务平台的机构集聚、产业联系指导以及有限投资介入的作用,推进产业投资基金、股权投资基金和银行资金的投贷一体化。发挥服务平台的中介作用和平台优势,引导全省民间资金以股权、基金、信托等各种方式进入海洋重点产业和新兴产业。为各类海洋民营企业总部提供服务,更好地吸引民营企业从事海洋经济活动,吸引外地知名企业入驻。构建海洋经济的创业投资管理中心和产业投资管理中心,集聚海洋资本,形成海洋经济领域产业与金融相结合的重要区域。

二是鼓励企业上市、发债,提高直接融资比例,降低对银行信贷的依赖。直接融资是我国金融未来重点发展的融资模式,发展直接融资在资金的使用期限、提高企业经营水平、拓宽企业融资渠道方面,有着十分明显的优势。可以预计直接融资将是我市新增融资规模的主要部分。

三是集聚融资服务机构,综合发挥各类金融机构作用。积极吸引金融租赁机构、投资基金、信托机构。在船舶工业、海洋工程、海洋装备以及港口建设方面的设备投资等方面,发挥金融租赁机构作用。推动金融租赁、银行贷款、投资基金、信托共同合作推进具体业务,打造完整资金链和业务链,发挥金融租赁的行业优势,投资基金、信托机构的资金和风险管理优势,银行的资金特点以及托管作用,实现资金的杠杆化和结构化,推动各类融资业务一体化和联动发展。

4. 围绕海洋科技创新,建设海洋科技金融服务中心

一是加强海洋科技金融服务机构建设。探索设立海洋科技支行、海洋科技小额贷款公司、海洋科技保险机构等专营机构,加强与担保机构合作,开展金融创新,为科技型中小企业提供金融服务。

应着重建设金融支持海洋渔业中小企业、民营中小企业的机制与模式。其

措施包括成立中小企业服务联盟;优化商业银行对海洋中小企业的金融服务;发展以涉海业务为重点的地方中小法人金融机构;利用服务于中小企业的政策性金融产品和服务;支持海洋中小企业更好地利用国内资本市场;建立海洋中小企业融资担保体系等。

二是建立海洋科技金融服务平台。加强与海洋科研机构的联系,建立科技项目成果转化储备库。通过政策优惠,吸引各种类型企业风险投资机构(VC),落户海洋科技服务平台。为海洋科技企业、风险投资机构、银行、担保机构搭建综合服务平台,逐步形成和创新海洋科技信贷机制,建立风险投资机构入股投资、银行配套融资、担保及保险机构分担风险的"投保贷一体化"机制,促进海洋科技成果转化。

三是建立完善的政府配套投入。建立海洋科技产业引导基金,采取跟投海洋科技项目,入股风险投资基金等方式,鼓励风险投资基金投资初创型海洋科技企业。建立海洋科技贷款风险补偿基金、海洋科技保险保费补助制度,引导银行、风险投资基金、保险机构加大对海洋科技企业研发、生产等经营活动的支持,鼓励海洋科技创新。

5.尝试进行政策创新,完善政策措施

一是发行人民币债券。在中国香港地区发行人民债券,一方面利率水平低,资金成本少;另一方面境外人民币回流,将提高宁波的可用资金总量。

二是争取能够开展居民境外投资的试点;以及境外人民币资金对宁波进行直接投资(人民币 FDI)。除了吸引境外资本,增加宁波的投资资金,也拓宽了人民币国际化的投资渠道。

三是减少资本项目的管理限制。允许境外股权投资基金,直接入驻宁波,在资金进出方面,通过托管账户,允许资金进入与退出。

四是积极将梅山保税港区建设成自由贸易港区,实现向自由港的跨越。而要实现真正的自由港,开展离岸金融业务是梅山保税港区必不可少的环节。因此须实现离岸金融业务的政策突破。专门发展分离型离岸金融市场,吸引国内或者国外各类金融机构在区域内开办相关业务等。

五是加大政策扶持力度,提供优惠政策。出台有力政策支持金融机构的引入和新设,以及涉海性金融业务创新。推进股权投资基金地方政策的制定,在所得税、营业税、开办费用等方面,出台优惠措施,吸引各类股权投资基金及基金管理公司落户宁波。在航运保险的保费补贴等方面,出台优惠政策。制定企业债券发行优惠政策,鼓励发行各种类型债券。制定鼓励租赁融资发展的政策措施,在保税港区 SPC 设立、海关、出口退税、营业税等优惠政策方面实现突破。

第三章　航运服务贸易发展研究

国际航运服务贸易是指以运输服务为交易对象的贸易活动,即贸易的一方为另一方提供运输服务。属于因人员或商品流动而引起的服务贸易,所以与其他国际服务贸易一样,它有四种供给方式①,分别为:

1.境外支付方式。指从 A 国境内到 B 国境内提供服务,这种服务不构成人员、物资的流动,而只是通过电信、邮电、计算机网络实现的服务,如海运服务贸易中的国际货运代理服务。

2.境外消费方式。指从 A 国境内向 B 国境内的服务消费者提供服务,如领航服务、提供泊位服务等。

3.商业存在方式。指 A 国的服务提供者通过 B 国境内的商业存在提供服务,即允许 A 国的航运企业或经济实体到 B 国开业,提供服务。如 A 国船公司在 B 国设立办事处或合资开立船公司等。

4.自然人流动方式。指 A 国的服务提供者通过 B 国境内的自然人存在提供服务。如船员租赁等。

一、航运服务贸易发展的国际比较

(一)比较对象的确定

就航运服务贸易进行国际比较,其目的在于明确中国在航运服务贸易领域的国际地位,找出与航运服务贸易发达国家的差距,分析中国在该领域的优势和不足,寻找原因,为中国航运服务贸易水平的提高提供可资参考的依据。为此,本文选取 2010 年运输服务贸易出口量前 10 位的国家与中国一起构成 11 国经济体模型来进行对比研究。表 3-1 列出了 2010 年世界运输服务贸易前 10 位的出口国与进口国。

由表 3-1 可以看出,在国际运输服务贸易市场上,发达国家的运输服务贸易

---

① 张斌,高平全.海运服务贸易绿色壁垒及对策[J].水运管理,2005,27(7):1—4.

占据较高比重,进出口地位较高。而发展中国家只有中国和印度出现在前10强中,中国的排名较印度靠前。中国拥有较强的进出口能力,在进出口市场上均占据较高的市场地位,并且进口地位高于出口地位。

表 3-1　2010 年运输服务贸易前 10 强国家　(单位:10 亿美元)

排名	出口国家	出口金额	排名	进口国家	进口金额
1	美国	71.12	1	美国	77.04
2	德国	57.55	2	中国	63.26
3	日本	38.95	3	德国	62.85
4	韩国	38.04	4	日本	46.53
5	丹麦	36.43	5	印度	46.42
6	法国	35.91	6	法国	35.72
7	中国	34.21	7	英国	31.11
8	中国香港	32.78	8	韩国	28.79
9	新加坡	32.74	9	新加坡	28.41
10	英国	31.73	10	丹麦	25.90

数据来源:联合国经发局数据库,http://unctadstat.unctad.org/ReportFolders/reportFolders.aspx。

(二)贸易规模及差额比较

1.规模比较

发达国家是世界运输服务贸易的主体,亚洲新兴市场国家则正在追赶。近十年数据显示,美国的运输服务贸易总额远远领先于其他国家,其在该领域的霸主地位短期内难以撼动。紧随其后的德国、日本、英国、法国等也都是发达国家,这其中的原因主要是运输业属于资本密集、资金密集型产业,一国拥有良好的国际运输基础条件决定了其在国际竞争中的地位。丹麦因为拥有全世界规模最大的航运集团公司——马士基公司,在航运服务贸易领域也具有很强的优势。值得注意的是,在前10强排行中,除日本以外亚洲国家和地区还占据了5席,这其中,韩国、新加坡、中国香港凭借其特有的港口天然优势和服务优势争得先机,而中国和印度则主要得益于外向型经济带来的巨额货物贸易所派生的运输服务。

各国航运服务贸易规模都呈现增长态势(见表3-2),但在 2009 年出现集体回落。从图 3-1 可见,各个国家的贸易规模在 2000 年到 2010 年的 11 年间基本都呈现不断增长态势,这与全球经济一体化背景下,商品贸易持续不断的高增长而带动运输服务贸易的发展有关。但在 2009 年,受美国次贷危机导致的全球经济不景气影响,各国的运输服务贸易额都出现明显回落。随着全球经济复苏,到 2010 年航运服务贸易又重拾升势。其中中国的增长势头最为迅猛,2010 年航运服务贸易规模大大超过了危机前 2008 年的水平。但美国、德国、日本等大部分国家都未能恢复到 2008 年的水平。

表 3-2 运输服务贸易进出口总额　　　　（单位：十亿美元）

年份	美国	德国	日本	英国	法国	中国	丹麦	韩国	新加坡	中国香港	印度
2000	115.9	45.6	60.6	43.2	36.4	14.1	25.4	24.7	24.3	19.0	10.7
2001	107.6	45.9	56.4	41.7	35.2	16.0	26.3	24.2	23.5	18.5	10.5
2002	104.1	52.8	55.3	44.2	36.4	19.3	26.1	24.5	22.5	19.5	11.0
2003	112.7	62.5	60.5	50.6	42.8	26.1	31.5	30.8	26.4	20.6	12.3
2004	120.6	77.2	71.1	62.8	56.4	36.6	38.0	40.2	34.9	26.0	17.6
2005	131.2	87.3	76.3	67.7	60.7	43.9	44.9	44.0	39.9	30.8	26.4
2006	138.4	97.6	80.4	66.6	66.0	55.4	56.9	48.9	46.5	34.0	32.4
2007	147.7	115.0	90.9	74.2	75.8	74.6	68.9	62.6	56.9	39.5	39.9
2008	160.7	134.5	100.3	73.7	83.2	88.7	80.5	81.5	65.7	44.7	54.2
2009	128.9	104.1	71.9	59.5	64.9	70.1	56.7	52.1	53.3	35.9	46.4
2010	148.2	120.4	85.5	62.8	71.6	97.5	62.3	66.8	61.1	49.0	59.7
合计	1416	943	809	647	629	542	517	500	455	338	321
排名	1	2	3	4	5	6	7	8	9	10	11

数据来源：联合国经发局数据库，http://unctadstat.unctad.org/ReportFolders/reportFolders.aspx。

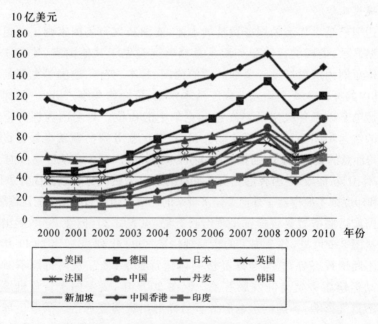

图 3-1 各国运输服务贸易历年走势

数据来源：联合国经发局数据库，http://unctadstat.unctad.org/ReportFolders/reportFolders.aspx。

2．市场占有率比较

美国稳居世界第一，中国增长速度最快（见表 3-3）。从 2000 年到 2010 年 11 年间，美国的运输服务贸易占世界市场份额平均达到了 10.4％，远远超过其他国家，德国和日本各自占据 6.9％和 6％，名列第二和第三。中国则位居世界第六，平均占比 4％，在日本以外的亚洲国家中排名第一。

从发展趋势来看，美国、日本、英国等发达国家的市场份额呈现明显的下降趋势，这与包括中国在内的新兴市场国家迅速崛起有关。以中国为例，其运输服务贸易市场份额在这 11 年间迅猛增长，2000 年中国的市场份额仅占 1.8％，竞争力极弱，仅相当于当年美国的 11.9％，日本的 22.8％。但到了 2010 年，中国占全球市场份额迅速上升至 5.9％，是同年美国的 66.3％，日本的 113.5％，首次超过了日本。中国在 11 年间市场占有率翻了三番以上，是所有国家中增长速度最快的。

表 3-3　运输服务贸易世界市场份额　　　　（单位：％）

年份	美国	德国	日本	英国	法国	中国	丹麦	韩国	新加坡	中国香港	印度
2000	15.1	5.9	7.9	5.6	4.7	1.8	3.3	3.2	3.2	2.5	1.4
2001	14.4	6.1	7.5	5.6	4.7	2.1	3.5	3.2	3.1	2.5	1.4
2002	13.5	6.9	7.2	5.7	4.7	2.5	3.4	3.2	2.9	2.5	1.4
2003	12.8	7.1	6.9	5.8	4.9	3.0	3.6	3.5	3.0	2.3	1.4
2004	11.1	7.1	6.6	5.8	5.2	3.4	3.5	3.7	3.2	2.4	1.6
2005	10.6	7.0	6.1	5.4	4.9	3.5	3.5	3.5	3.2	2.5	2.1
2006	10.0	7.0	5.8	4.8	4.8	4.0	4.1	3.5	3.4	2.5	2.3
2007	9.0	7.0	5.5	4.5	4.6	4.5	4.2	3.5	3.4	2.4	2.4
2008	8.4	7.0	5.2	3.8	4.3	4.6	4.2	4.2	3.4	2.3	2.8
2009	8.7	7.0	4.9	4.0	4.4	4.7	3.8	3.5	3.6	2.4	3.1
2010	8.9	7.3	5.2	4.4	4.3	5.9	3.8	3.7	3.4	3.0	3.6
平均	10.4	6.9	6.0	4.8	4.6	4.0	3.8	3.7	3.3	2.5	2.4
排名	1	2	3	4	5	6	7	8	9	10	11

数据来源：http://unctadstat.unctad.org/ReportFolders/reportFolders.aspx。

3．进出口差额比较

多数国家存在贸易逆差，中国的逆差存在不断扩大的趋势。在本文所列的世界运输服务贸易排名前 11 位的国家中，除了韩国、丹麦和中国香港以外，其余各个国家都或多或少出现过逆差年份。2010 年，逆差额最大的是印度，为

332 亿美元；中国排名第二，逆差达到 290 亿美元；其次是日本、美国、德国。在 2000 年到 2010 年的 10 年间，逆差额最大的是印度，累计逆差 1770 亿美元；其次是美国，达到 1730 亿美元，中国、日本、德国、英国、法国紧随其后，分别达到 1460 亿、800 亿、620 亿、290 亿和 100 亿美元。造成中国运输服务贸易逆差的原因是，中国外贸运输服务由境外公司承运比重高，而中国运输公司承运他国运输服务份额低。中国外贸运输市场主要由外国运输企业占据，是造成运输服务贸易巨额逆差的最根本原因。

从逆差的变化趋势来看，中国、印度近 11 年来的贸易逆差呈现不断扩大趋势，以中国为例，从 2000 年的 67 亿美元上升到 2010 年的 290 亿美元，增长了 332%，尤其是 2008 年以后出现了逆差迅速扩大的态势。运输服务贸易逆差已成为中国服务贸易逆差的最主要来源。[1] 而与此同期，美国、日本、德国等发达国家的贸易逆差却呈逐步下降态势。

表 3-4　运输服务贸易逆差　　（单位：10 亿美元）

年份	印度	美国	中国	日本	德国	英国	法国	新加坡	韩国	丹麦	中国香港
2000	−6.7	−15.2	−6.7	−9.5	−5.6	−5.1	0.6	−0.9	2.6	3.1	6.5
2001	−6.4	−14.9	−6.7	−8.4	−4.5	−5.2	0.8	−0.8	2.1	3.0	5.5
2002	−6.0	−12.1	−7.9	−7.4	−5.6	−6.7	0.9	1.2	1.9	3.2	7.1
2003	−6.3	−18.3	−10.3	−7.7	−8.1	−6.2	0.3	0.3	3.6	4.2	7.1
2004	−8.9	−24.1	−12.5	−6.9	−7.7	−4.3	−3.7	−0.8	4.9	5.0	8.7
2005	−14.9	−25.9	−13.0	−4.6	−4.9	−4.7	−4.3	−0.8	3.7	9.1	9.9
2006	−17.3	−23.4	−13.4	−5.2	−6.9	−3.7	−2.4	−1.2	2.7	9.3	10.8
2007	−21.8	−16.0	−11.9	−7.0	−6.8	−0.9	−0.4	1.1	4.5	11.0	11.7
2008	−31.1	−11.1	−11.9	−7.0	3.1	−1.3	5.0	8.0	13.0	13.1
2009	−24.5	−5.7	−23.0	−8.9	−0.3	4.3	−1.0	3.9	5.2	6.1	11.4
2010	−33.2	−5.9	−29.0	−7.6	−5.3	0.6	0.2	4.3	9.3	10.5	16.6
合计	−177	−173	−146	−80	−62	−29	−10	11	49	78	108
排名	1	2	3	4	5	6	7	8	9	10	11

数据来源：http://unctadstat.unctad.org/ReportFolders/reportFolders.aspx.

（三）国际竞争力比较

1. 比较指标简介

关于各国服务贸易的国际竞争力，可以用服务贸易竞争指数 TC（Trade

---

① 赵亚平. 服务经济背景下北京服务贸易发展研究. 北京：中国经济出版社，2010.

Competitive Index)来分析。该指数对行业结构国际竞争力的分析有效,它能够反映相对于世界市场上由其他国家所供应的某种产品而言,本国生产的同种产品是否处于竞争优势。该指标是一个剔除了各国通货膨胀等宏观总量方面波动的影响,也排除了因国家大小不同而使得国际间数据的不可比较,因此在不同时期、不同国家之间,贸易竞争指数具有相当的可比性。其计算公式为:

$$TC = (Xij - Mij)/(Xij + Mij)$$

式中,Xij、Mij 分别代表 i 国运输服务的出口额和进口额。无论进出口额的取值是多少,TC 指标的取值均介于[-1,+1]的区间内。若该指数大于 0,表示该国运输服务业的生产效率高于国际水平,具有较强的出口竞争力,该指数越接近于 1,表明国际竞争力越强。反之,则说明该国运输服务业的国际竞争力越弱。若指数为 0,表明该国运输服务业与国际水平相当,进出口交叉明显,进出口纯属于国际间进行品种互换;若 TC=-1,意味着该国运输服务只有进口而没有出口;如果 TC=1,则该国运输服务只有出口而没有进口。

2. 比较结果分析

用运输服务贸易进出口数据计算前文比较的 11 个国家的 TC 指数,结果如表 3-5。从表中可以看出,中国香港、丹麦、韩国在近些年中的 TC 指数均为正,表明这 3 个国家在这 11 年中都是运输服务贸易净出口国,出口竞争力很强,其中中国香港的出口竞争力最强,TC 指数每年都在 0.3 以上。11 年来 TC 指数均为负的国家有德国、日本、美国、中国、印度,说明其皆为运输服务贸易的净进口国,相对应地,它们的运输服务贸易出口竞争力较弱。其中,中国的 TC 指数在 2000—2010 年间一直都非常低,在 11 个国家中排名倒数第二,仅高于印度,这反映了中国运输服务贸易的国际竞争力很低。

从 TC 指标的变化趋势来看,同为贸易逆差国,美国的运输服务贸易竞争力呈现不断增强的趋势,TC 指标从 2000 年的-0.13 上升到 2010 年的-0.04,说明其在该领域的国际竞争力逐步提高。而中国的 TC 指标虽然在 2000 年到 2010 年 11 年间总体增强,从-0.48 提高到-0.30,但从 2009 年开始出现了明显的逆方向变化,贸易竞争力再次回落。

导致一国运输服务贸易竞争力弱的原因,直观的理解是该国外贸运输服务由境外公司承运比重高,而本国运输公司承运他国运输服务份额低。例如在中国外贸运输市场上,国内运输公司承运的份额低,大量的货物贸易运输由外国公司承担是主要原因。其背后更深层次的原因则是本国的运输系统发展滞后,与货物贸易的增长速度不相匹配。中国近年来出口依赖型的经济增长模式,催生了迅速膨胀的货物贸易进出口需求,对航运服务的发展提出了更高的要求,但航运业是资本密集、技术密集的产业,短期内难以有大幅度扩张。

表 3-5 运输服务贸易 TC 指标

年度	中国香港	丹麦	韩国	新加坡	法国	英国	德国	日本	美国	中国	印度
2000	0.34	0.12	0.11	−0.04	0.02	−0.12	−0.12	−0.16	−0.13	−0.48	−0.63
2001	0.30	0.11	0.09	−0.03	0.02	−0.12	−0.10	−0.15	−0.14	−0.42	−0.61
2002	0.36	0.12	0.08	0.05	0.02	−0.15	−0.11	−0.13	−0.12	−0.41	−0.55
2003	0.35	0.13	0.12	0.01	0.01	−0.12	−0.11	−0.13	−0.16	−0.40	−0.51
2004	0.33	0.13	0.12	−0.02	−0.07	−0.07	−0.07	−0.12	−0.20	−0.34	−0.50
2005	0.32	0.20	0.08	−0.02	−0.07	−0.07	−0.06	−0.06	−0.20	−0.30	−0.56
2006	0.32	0.16	0.09	−0.03	−0.04	−0.06	−0.07	−0.06	−0.17	−0.24	−0.53
2007	0.30	0.16	0.07	0.02	0.00	−0.01	−0.06	−0.08	−0.11	−0.16	−0.55
2008	0.29	0.16	0.10	0.08	−0.02	0.04	−0.05	−0.07	−0.07	−0.13	−0.57
2009	0.32	0.11	0.10	0.07	−0.02	0.07	0.00	−0.12	−0.06	−0.33	−0.53
2010	0.34	0.17	0.14	0.07	0.00	0.01	−0.04	−0.09	−0.04	−0.30	−0.56
平均	0.32	0.14	0.10	0.01	−0.01	−0.05	−0.07	−0.11	−0.13	−0.32	−0.56
排名	1	2	3	4	5	6	7	8	9	10	11

二、航运服务贸易业态研究:传统航运服务

根据 WTO 对航运服务开放的相关内容,我们将传统航运服务界定为:海洋运输、港口设施的进入和使用、海运辅助服务。其中,海洋运输包括货运服务、客运服务、船舶租赁;海运辅助服务则是指货物装卸、仓储、报关、船舶维护与修理、理货服务、海运服务代理等。

(一)国际航运服务

人类从事海上运输已有几千年的历史,早在 15 世纪,就有中国明朝郑和率船队七下西洋,意大利哥伦布于 1492 年航海发现美洲新大陆。人类社会发展到近代,随着人类文明和生产技术的不断提高,尤其是蒸汽机的发明,推动海上运输迅速发展,成为人类发展经济和贸易往来的重要手段。进入 20 世纪后,科技进步的加快,技术革命的不断发展,海上运输总的发展趋势是船舶专业化、大型化、高效化,海上运输的效率和经济效益不断提高,以海运方式运输的货物已占全球货物贸易运量的 2/3 以上。

中国的海洋运输经过近 50 年(新中国成立后)的发展,取得了巨大的成就。尤其是随着中国国力的增强和加入世界贸易组织,中国正成长为世界上最重要的海运大国之一:2007 年中国集装箱年吞吐量首次突破亿箱并已连续 5 年保持

世界第一,船舶运力超过 1 亿载重吨。大陆港口占据世界港口 30 强中的 8 席,吞吐量约占 30 强港口的 1/3,亿吨大港达到 14 个。至 2010 年中国大陆已有 5 个港口进入世界港口货物吞吐量排名前 10 位,其中,上海港已成为世界第一大港;6 个港口集装箱吞吐量进入世界排名前 20 位,其中,3 个进入前 10 位;中国海运集团公司、中国远洋运输集团公司均已成为全球运力排行前 10 强企业。中国沿海铁矿石、煤炭、石油、集装箱、粮食五大运输系统基本建立,世界航运中心正经历着从美洲向亚洲转移的过程。在中国的对外贸易中,海洋运输也是中国对外贸易货物运输中最主要的运输方式,其中 93％的外贸货物、95％的原油和 99％的铁矿石都是靠海洋运输来完成的。

国际海上运输的快速发展壮大,与其自身具备的特点是分不开的。一方面,海上运输通过能力强,运力大,可以实现大吨位、大容量、长距离的运输;另一方面,海运成本低、投资少、见效快,航道是天然形成的,几乎不需要任何投资就可以投入使用,也不占用耕地,海运成本是各种运输方式中最低的,海运消耗单位功率、单位燃料、单位劳动力所获得的运输成果比航空、铁路、公路运输都要高。再者,航运服务可以改善一国国际收支。航运费用一般都是以外汇结算的,本国船队运输外国雇主的货物可以取得外汇收入,有利于一国的国际收支平衡。当然运输船队也是国防后备力量准备。历史事实表明,一旦发生战争,国家会征用商船从事军需给养的运输任务。

(二)世贸组织主要成员航运服务承诺

GATS 在海运和港口服务方面有着许多规则,包括最惠国待遇、国民待遇、市场准入、补贴和反倾销等。世贸组织成员国在航运服务开放方面的承诺主要围绕这些内容展开。

1.最惠国待遇

GATS 的最惠国待遇原则要求每一成员对于任何其他成员的服务和服务提供者,应立即和无条件地给予不低于其给予其他国家同类服务和服务提供者的待遇。对于海运服务,任何其他成员的服务是指由一艘根据该另一成员的法律进行注册的船只所提供的服务。

最惠国待遇是 GATS 中最重要的也是最难达成一致意见的条款,无论是海运发达国家还是不发达国家都对此持保留态度。最惠国待遇可能使不发达国家的海运业面临严重冲击,进而损害其国家利益;而对于发达国家而言,也不愿意看到不发达国家的海运业享受"搭便车"的好处。上述原因最终导致在 1996 年中止海运谈判的决议中规定,最惠国待遇原则不适应于海运谈判协议。

2.国民待遇

国民待遇原则要求成员国给予其他成员方的服务和服务提供者的待遇,应不低于本国相同服务和服务提供者所享有的待遇,即缔约国之间的非歧视性的平等。

一般观点认为,国民待遇对不发达国家会造成比较大的冲击。从短期来看,对不发达国家本国船队的需求会降低,原因是本国船队的国际竞争力不够;由于免除了对国外船队的税收,会导致不发达国家税收的减少;国民待遇还会降低对外国船队停靠的收费,导致不发达国家码头及装卸搬运收费的减少,对码头的维修和建设不利。

但是,从长远来看,国民待遇会吸引更多的国外船队使用本国码头,提高了码头的收入,有利于码头基础设施更新、管理和服务水平提高;同时,国民待遇将带来对港口及相关服务设施的国外投资,从而提高国内港口和相关设施的竞争力,提升管理水平,提供更多的税收和就业机会。而最大的影响在于,国民待遇将导致一国内河运输的开放,给多式联运提供极大的便利,这无疑将是世界海运服务最大的变革。虽然 GATS 所确定的国民待遇原则在目前还比较有限,但这并非表明这一原则无足轻重,而恰恰反映这一原则集中了各种利益的冲突,具有很大的发展潜力。

3. 市场准入

市场准入主要包含了外国服务商进入的条件和数量,即外国投资者参股的比例,商业存在的具体形式(合资、独资)、地域和数量。数量上的限制是贸易壁垒的最有效手段,可以更好地保护本国运输服务和运输服务供应商的利益。在海运服务中,数量上的限制主要包括货载保留、货载份额分配等,商业存在上的限制则主要指对外国企业在本国设立机构的限制。

发展中国家的海运服务效率相对发达国家较低,因此,在市场准入开放较大的情况下,外国公司将大量进入。虽然长期来看有助于本国运输业务运行效率提高,但短期内不可避免地会使本国的运输服务业面临巨大的挑战。而更进一步的可能是原来由本国运输企业垄断的内河运输和沿海捎带业务,也面临被瓜分的可能。

因此,在市场准入条款上,发展中国家和发达国家采取的是完全相背的态度。发展中国家坚持要对其愿意对外开放的部门采取"肯定清单"规定方式,即只将成员方愿意适用市场准入的部门措施列入具体承诺表,对外开放仅限于承诺表中所列的部门和措施,对于未列入该表的部门和措施就没有实行市场准入的义务。这种方式对于发展中国家相对落后的、尚需要扶持的或其他不愿意对外开放的部门,无疑会产生自动保护的作用。发达国家由于在国际服务贸易中具有相对的优势地位,且对主要服务部门已有深入的认识,故主张要对市场准入和国民待遇采取"否定清单"的规定方式,即只将成员方不愿意对外开放的部门和与市场准入及国民待遇不一致的措施列入具体承诺表,不适用市场准入和国民待遇的部门和措施仅限于该表所列的范围,凡未列入该表的部门和措施均应适用市场准入和国民待遇。经妥协,各方最后对具体承诺采取肯定清单和否定清单相混合的规定方式。

在上述背景下,各个成员国家在运输服务方面的开放程度和承诺水平也参差不齐,在此我们列举几个具体成员的承诺:

欧盟的承诺。在海上运输方面基本上承诺开放市场,但在班轮运输的国民待遇上仍按"联合国班轮协会"规则行事。以商业存在方式提供国际海运服务的,其主要雇员在特定领域有一定限制;海运辅助服务方面:执业许可由港口当局在考察经济必要性的基础上发放,个别港口或其个别港口地区仍实行由公共部门垄断。

韩国的承诺。开放国际客、货运输,对外国服务业者在港口服务方面提供无歧视待遇。允许外国人建立悬挂韩国国旗的拖船队。在辅助服务方面,开放货物堆场、仓储业务、清关服务、理货及船代服务等,但全部为外国人投资的商业存在提供上述服务的,必须采取股份公司形式。

美国的承诺。班轮运输无限制,没有货载分配但仍实行货载保留。商业存在方面无限制,港口服务和税收实行国民待遇。

印度、巴西、菲律宾、印度尼西亚等发展中国家均无货载分配但都保有货载保留,班轮运输都需批准。在商业存在的设立方面限制较多,在港口服务和税收方面都实行国民待遇。

中国的承诺。自 2001 年加入 WTO 以来,中国航运市场已形成全方位的开发格局。基本取消货载保留,自 1988 年起,中国基本取消了国货国运政策,政府不再为国轮船队保留货运份额;海运运价已放开,20 世纪 80 年代后期,中国的国际海运运价开始放开,政府不再干预海运费率的制定,由承运人和托运人双方根据市场的供求关系,按照商业惯例自由定价,定价随行就市;对外开放航运市场,允许外国船公司在中国从事营业活动,自 1985 年起,中国陆续颁布一系列的法令法规,允许外国船公司可以合资、独资的形式在中国从事正常的业务活动,中国不仅对外国船公司开放国际海运业务,还允许他们通过合营形式从事货物装卸、仓储、结关、集装箱堆场、海运代理和货运代理等六项海运辅助业务。

从纵向发展来看,中国海运业目前的对外开放度之大是前所未有的,境外航运公司在中国远洋班轮、干散货和原油运输等市场份额已超过七成,中外合资集装箱码头的市场份额达到六成三。从横向比较来看,中国海运市场的开放程度要高于印度、巴西、菲律宾、印度尼西亚等发展中国家。

（三）航运服务贸易壁垒

1.传统壁垒形式

"载货保留"和"载货分配"是控制海运航线市场的主要措施。"载货保留"是一种单边保护措施，是政府通过为本国承运人提供稳定的载货以提高本国承运人市场份额的措施。依国际上保护本国承运人的惯例，进出口贸易总量的一半以上应由本国船队承运。世界上约有50多个国家和地区实行载货保留制度，即通过立法将部分载货保留由本国船队承运。而"载货分配"是双边保护措施，是一国与另一国通过双边协定为双方国家的承运人提供稳定的载货份额的保护措施。在载货份额上，中国在与50多个国家签订的双边海运协定中，有7个含有载货份额分配规定。鉴于在实践中这些协议很难执行，中国交通部已在《关于答复欧共体在关贸总协定乌拉圭回合服务谈判中对我具体要价的函》及《中国和欧共体海运会谈纪要》中对外公开承诺，在新签双边海运协定中将不再保留载货份额的内容，并已从1996年起履行承诺。而对于以前签订的已包含载货份额的双边海运协议，中国将其列入了最惠国待遇义务豁免清单。

"政府补贴"和"政府采购"则是政府对国内海运企业的出口服务给予财政补贴、减免税等措施，通过经济上的扶持来争取市场份额。在安排政府的相关运输服务时，优先考虑本国海运企业，以保证本国企业特定的市场份额。中国自1988年起就取消了货载保留制度，政府也不对航运企业进行补贴。中国不再通过行政手段规定国内承运人对国货的承运比例，鼓励承运人和托运人依通常的商业做法直接商定运输合同。

2.绿色壁垒手段

海运绿色壁垒是一种新兴的贸易保护主义政策，是一种以安全和环保为名义的政策，因此更具有隐蔽性。其内容围绕着船舶的技术标准展开。对本国海运业的保护是通过限制"低标准"船舶进入海运市场，这实质上是对欠发达国家的海运技术歧视，压制海运欠发达国家船队的竞争优势，从而变相地提高本国船队的竞争力，达到垄断的目的。其借着防止环境污染，保护生命和财产安全的名义，迎合了当今世界倡导绿色环保的潮流，也达到了自身贸易保护的目的。而且，海运绿色壁垒是与法律密切结合在一起的，它是通过立法程序，以法律的形态表现出来的。在表面上，它不是一种经济政策，而是一种安全和环保政策。与传统政策不同的是：以往的保护主义政策大都是各国政府自行制定的，缺乏相应的国际法和国内法的依据。而海运绿色壁垒的实施理由是维护安全和保护环境，世贸组织和国际海事组织在这方面本身就有大量的法律规定或国际海事公约，这使得绿色壁垒有了法律上的依据和保障。

从全球范围来看，欧盟率先采取法律法规措施，逐步强化限制船舶和港口码头污染气体排放量,试图通过限排的手段迫使技术装备相对落后的发展中国家船队退出竞争市场。据英国伦敦 2011 年 4 月出版的《集装箱化国际》(*Containerisation International*),目前欧盟组织制定严厉政策,坚决控制温室气体排放量,其行动甚至抢在国际海事组织(IMO)前面。欧盟打算,如果到 2011 年 12 月 31 日还得不到国际海事组织方面肯定同意答复,欧盟即在欧洲地区通过所谓建议。如果到 2013 年国际海事组织仍然不同意欧盟的法律法规,欧盟打算在欧洲地区贯彻执行。欧洲气候变化规划(the EU Climate Change Programme,简称 ECCP)工作小组于 2011 年初开始讨论航运船舶温室气体排放限量问题。凡是进出欧洲地区的航运船舶将根据欧盟法律法规实施温室气体限量排放,欧盟组织所制定的日益严格周密的公共交通运输政策矛头似乎特别集中指向海洋航运船舶。欧盟于 2011 年年初推出的"将来交通运输政策"(the Future Transport Policy)研究报告直言不讳地指出,燃烧重柴油的航运船舶环保记录必须改善,航运船舶到 2050 年应将其排放二氧化碳年总量在 2005 年的 54300 万公吨排放总量基础上减少 40％。欧盟制定的针对航运船舶公共交通运输温室气体限量排放政策法规已经严酷到令远洋承运人深感不堪重负,更是对发展中国家航运船队致命的打击。

三、航运服务贸易业态研究:国际中转服务

(一)国际中转服务及其意义

港口国际中转业务,是指由境外装船启运的国际集装箱及其货物,经第二国或地区中转口岸换装国际航运船舶后,继续运往第三国或地区指定口岸。在远东和东南亚,国际中转运输的比重相对较高。例如由欧洲出口至日本的集装箱货物,从欧洲港口用干线班轮运至中国宁波港,在宁波港换装支线驳船,再运往日本,这种在宁波港的中转称为国际中转。

从国际服务贸易视角来看,那些能够吸引中转业务的港口成为航运服务贸易的出口方,因为中转而产生的班轮靠泊、引航费用,货物的装卸、转泊费用,班轮自身加油、补给费用,以及船员上岸消费活动,都会给中转港带来大量的外汇收入。因此,国际中转业务近年来成为各大港口争夺的热点,也是衡量港口国际化水平的一项重要指标,拓展国际中转业务成为各个港口乃至所在地区和国家展开航运服务竞争的重要环节。在这一环节失去优势的港口,不但会丧失经济利益,还有可能在全球港口竞争中丧失重要性地位,甚至存在被逐步边缘化的危险。

发展国际中转业务所惠及的主体不仅有港口、航商,还包括港口所在的区

域经济。对于港口而言直接的益处来自于收费的增加,一方面,中转业务会带来装卸费收入。另一方面,集装箱干线班轮频繁挂靠,引航、拖轮的收入也会增多。间接的效应则表现在国际中转业务是提高港口吞吐量的一个有效途径,中转所必须的卸船、装船两道程序使一批箱源可以统计两遍吞吐量;更重要的是从长远来看,当一个港口因为国际中转业务的发展而吸引大量箱源时,更多的船务公司也会因此被吸引过来,这又反过来促进箱源的进一步增加,港口的发展将会形成一个以国际中转业务为契机的良性循环。

对于航商(船运公司)而言,开展国际中转业务是提高其仓位率、降低运输成本的一个有效途径,在仓位有余的干线航班上,捎带中转集装箱,可以增加运费收入,摊薄成本;大型航商只选择在枢纽港装卸货,则是体现规模效应,发挥航运公司战略联盟的系统优势,实现联盟成员各自收益最大化的需要。

而事实上,发展国际中转业务对于港口城市的产业升级和区域经济的发展意义相较前两者来得更为重要。首先,从目前国际港口发展趋势看,国际中转业务不仅仅是提供简单的集装箱装卸服务,更多的发展空间将趋向于发展增值服务、转口贸易服务和物流服务,以此形成一个国际中转的产业链。一方面通过发展港口相关产业(如航运业、仓储业、造船业等)形成一个港口综合运输体系,另一方面也能带动地区经济(贴牌加工等制造业)、服务贸易(航运金融、航运培训、物流代理等中间服务市场)的发展。

(二)国际中转服务形成的原因和条件

国际中转的形成和发展,主要基于这样一些原因[①]:一是港口航线配置原因。如非洲、地中海、波斯湾、南美等地由于吞吐量较小,直达航线有限,国际干线班轮公司必然要选择中转港,在中转港转换支线班轮继续运往目的地。那些在航线密度、运价、服务等方面具有优势的港口,就可以吸引上述地区的货物来本港中转。二是各航线流向不平衡原因。如中国与欧洲地中海的贸易出口大于进口,必然导致出口仓位紧张、而进口不满载,干线班轮公司为了吸引从欧洲、地中海出口的返程货物,往往会将运价压至很低水平,因此,很多地中海沿线货物即使目的港在美国西海岸,也愿意先以低价运到中国某个港口,再中转到美国西海岸等地。三是干线班轮公司整体战略原因。干线班轮公司为了减少成本,往往会在全球范围内选择几个集疏运中心,被选中的港口即成为国际中转港。四是各大型承运人的区域优势原因。一般干线船公司都有自己的优势航区,如 A 公司在跨太平洋航线投放了大量的船舶,航班密度较大,但在远东—欧地航线上可能相对薄弱,而 B 公司正好相反,于是这两家公司可能在某

---

① 徐建华,陈良.上海港国际集装箱中转箱量发展趋势.集装箱化,2006(12).

中转港组成接力赛的伙伴。由此可见,国际中转业务是国际贸易发展的产物,是国际航运发展的必然。

目前,国际上公认的集装箱中转港有新加坡、中国香港、釜山和汉堡等,它们的国际中转业务占其集装箱运输业务的 30% 以上,釜山曾高达 70% 以上。形成国际中转港的基本条件有[①]:

第一,港口的地理位置因素。这里的地理位置因素包含港口的自然地理和经济地理位置两层意思。自然地理位置主要是指港口是否位处内陆主要出海口、河海转运连接点,及其在一定区域范围内的垄断程度(即周边港口的数量);经济地理主要是指港口是否位于国际贸易中心点、世界主要贸易路线。港口是否位于国际贸易主航线上已成为国际中转港的一个基本条件。

第二,水深与设施条件因素。这实际是港口本身的硬件条件问题。现代国际海运船舶的大型化对港口航道的水深条件要求大致在负 15 米左右。国际航运巨头马士基公司选择主干航线上枢纽港的条件为:码头前沿水深在负 16 米以上,泊位岸线长 400 米,码头纵深 500 米。另外,港口设施是否完善,是否能够充分提供进出口及转运需求(包括是否拥有充足的码头、泊位和高效率的装卸机具等)也是影响港口货运量的重要因素。

第三,港口的自由度因素。这实际是自由贸易港区(或自由港、自由贸易区)的设立问题,在软件方面的要求中,一个关键的因素是通关的条件,这就需要赋予港口开放度更大的自由港政策。设置自由贸易港区具有免除关税障碍、促进货物自由流通、吸引中转货物等作用。港口的自由度越高,越有条件吸引国外货物在此进行加工、仓储和转运活动,因而越能吸引货源和船舶挂靠。

第四,经济腹地因素。这里的经济腹地包括了货源的充足性和持久性两层意思。这取决于港口周边的外贸进出口规模、经济发展水平和经济发展前景。世界级的港口,必须要有世界级的腹地。周边腹地(及其带来的箱量)已成为港口吸引并锁定大航商的关键筹码之一。

第五,港口的作业成本与效率因素。最直接的作业成本就是港口的收费率,包括船舶进港吨位费、领航费、码头费、卸货费和仓储费等。随着港口竞争的加剧,全球港口收费率的差距正趋于缩小,港口的作业成本和效率因素对于国际中转港的影响将大大下降。

(三)国际知名中转港

1.新加坡港

港口自然条件优越。新加坡港扼太平洋和印度洋之间的航运要道,战略位

---

① 黄盛.关于国际中转港形成条件的思考:以高雄、香港和新加坡为例.特区经济,2006(7):24—25.

置十分重要,它自 13 世纪开始就是国际贸易港口,目前已发展成为国际著名的转口港。该港自然条件优越,水域宽敞,很少受风暴影响,治区面积达 538 平方千米,水深适宜,吃水在 13 米左右的船舶可顺利进港靠泊。

实行自由港政策。实行自由港政策是分享全球自由贸易权利、提升国际竞争力的有效手段。新加坡实行的自由港政策,具体体现是实行自由通航、自由贸易,允许境外货物、资金自由进出,对大部分货物免征关税等等。实行自由港政策极大地方便了货物的流通,节省了贸易成本,带动了新加坡港集装箱国际中转业务的发展。

完善的国际中转产业链:新加坡港围绕着集装箱国际中转,衍生了许多附加功能和业务,丰富和提高了其综合服务功能。该港在空运、炼油、船舶修造等方面具备产业优势,拥有一个国际船舶换装修造中心和国际船舶燃料供应中心;形成了一个国际性的集装箱管理与租赁服务市场,吸引了许多船公司把新加坡作为集装箱管理和调配基地;另外,为满足第三代物流发展和顾客的需要,新加坡港建立了物流中心,培育港口物流链,为临港工业提供专业、高效的物流服务,提升加工工业水平。

注重先进电子技术在港口行业中的运用。港口内的调度、计划、日常业务、船只进出港指挥、安全航行、与货主及海运公司的业务商谈等均大量采用电子技术,既提高了效率,又节省了大量人力费用支出。

2. 釜山港

港口自然条件优越。釜山港地理位置优越,是东北亚至美西航线的最后一站枢纽港,起着连接太平洋和亚洲大陆的关卡作用,目前是世界第五大集装箱港口和东北亚最大的中转港口。另外,釜山港的气候比较温和,迄今为止还没有因为天气原因而被迫关闭过。

港口腹地经济优势。整个韩国都是该港的经济腹地。釜山港的发展首先得益于韩国经济的高速发展及出口导向型的经济发展战略,釜山港是韩国海陆空交通的枢纽,又是金融和商业中心,工业仅次于汉城,在韩国的对外贸易中发挥重要作用。发达的腹地经济在吸引中国产品进行再加工、再分流,提供高附加值物流服务方面表现了强劲的优势。

自由港政策。釜山港在自由港建设上提出了"比自由港还自由"的口号,希望通过自由港的运作,形成"境内关外"的环境,吸引国际船运公司、物流公司来釜山港投资和经营,发展集装箱国际中转。另外,釜山港还大幅度降低港口使用费、装卸费及相关的收费标准,2009 年还采取积极措施,推出中转货物奖励制度,吸引货源。

信息化建设。釜山港建立了一站式信息系统,其中包括企业网、港口管理信息系统等,加快整个港口的运作效率。目前釜山港成功实现了以无线射频识别(RFID)系统为基础的"Ubiquitous港"建设。该系统可以及时掌握货物移动路径,迅速安排装备和车辆,从而有望提高程序效率(44%)和港口生产效率(20%)。另外,釜山港至今还保持着 ISPS 规则保安等级一级港口。

政府扶持力度大。为了保持釜山港国际大港的地位,尤其是它在亚洲的优势地位,韩国及当地政府制定了釜山港的一系列中长期发展规划,包括:开发建设釜山新港,将其定位为 21 世纪东北亚国际物流中心港湾,确保国际集装箱主航路上的中心港的地位,解决釜山港长期存在的货物积滞现象,形成港湾——城市功能协调的综合物流——信息基地空间;按照地区特性开发建设自由贸易区,使釜山港成为国际物流中心基地;构建基于电子商务的釜山港港湾物流系统,将釜山港港口信息和东北亚的物流网络链接在一起。

3. 中国香港港

港口自然条件优越。中国香港地处中国与邻近亚洲国家的要冲,既在珠三角地区入口,又位于经济增长骄人的亚洲太平洋周边的中心,可谓是占尽地利。中国香港港是全球最繁忙和最高效的国际集装箱港口之一,也是全球供应链上的主要枢纽港。

自动化水平高,作业实现弹性处理。中国香港国际集装箱堆场的活动均以自动化系统进行计划、协调和监督。自动化系统与"信息交换服务"和闸口程序自动化系统联通,通过这些先进技术,码头实现了缩短船只靠泊时间的目的,加快集装箱车在码头的周转,并对客户的特别要求做出弹性处理。此外,中国香港还是目前世界上唯一保留中流作业方式的码头,对提高装卸效率、加速货物周转、节约成本都起到了一定作用。

自由港政策。中国香港整个城市都是一个自由港,在这里航运企业拥有充分自由的经营权,极大地提高了航运企业经营和发展的积极性。同时,中国香港实施船舶自由通航及货物免税免检制度,来自于任何国家和地区的船舶都仅需提前 24 小时电告港口有关机构而不须办理申报手续,即可自由进出中国香港,而对于进出中国香港的货物,除少数政府规定的商品征税以外,海关对其他商品均实行免税免检的自由政策。自由港政策下,世界各大船公司都被吸引进驻港口,同时也吸引了来自世界各地的中转航运货物。

4. 中国台湾高雄港衰退和丹戎帕拉帕斯港崛起原因

高雄处于东北亚和东南亚中间,具有成为国际集装箱转运中心的巨大区位优势,20 世纪 80 年代初期曾一度成为世界集装箱港口老大,但在 2008 年就已经被挤出世界十大港口之外。高雄港衰落最根本的原因有两点:一是腹地经济衰退,中国台湾内部经济趋缓,导致转口货柜量骤降,绕停高雄的国际班轮逐渐减少;二是来自海峡对岸的港口竞争激烈,使高雄港在竞争中处于劣势。

丹戎帕拉帕斯港位于马来西亚半岛,近年来,该港以低价为诱饵,先后从新加坡挖走两大航运公司,其集装箱吞吐业务量异军突起,成为马来西亚最大的集装箱港口,航运中转业务现在已占该港全部业务的95%,它的港口优势最突出表现在低廉的港口使用费,对集装箱运输公司来说非常诱人,特别是在经济低潮年份,因此在短期内吸引了大量船公司挂靠中转。

(四)国内港口国际中转业务——以宁波港为例

1.现状

近年来,宁波港国际集装箱中转业务取得了快速发展,中转箱量比重不断提高,但由于起步较晚,基础相对薄弱。2002年,宁波港初现集装箱国际中转业务,当年实现中转2.5万TEU,占当年集装箱吞吐量的1.3%。而到了2010年,国际集装箱中转量达到117.9万TEU,占全年集装箱吞吐量的9.1%。按照国际公认的集装箱中转港要有超过30%的中转比例,宁波港还是有相当大的差距。与国内其他港口相比,宁波港中转比例低于深圳和上海。

宁波港并非位于国际航道要冲,因此吸引国际中转不具有明显的地理位置优势。我们需要从以下几个方面分析国际集装箱干线航班选择宁波港中转的原因:

(1)宁波腹地经济发达,适箱货多。有些目的港(如日本神户港)本身进出口箱量很少,在国际远洋干线船日趋大型化的条件下,从航运成本角度讲,干线船不愿意去这些港口挂靠。一般来讲,出口业务的利润较高,干线船愿意选择出口量很大的港口靠泊,并将此作为中转港。宁波(江浙一带)腹地经济发达,国际贸易业务频繁,出口的适箱货多,因此干线船愿意在宁波港中转,再由支线船将中转货箱运送到目的港。

(2)港口基础设施较好,费用相对便宜。宁波港经过30多年建设,基础设施较完备,装卸效率位于国际港口前列,根据马士基船务代理有限公司通报,2008年1月至11月在全球300多个港口排名中,宁波港北仑第二集装箱码头分公司成为其全球在泊效率最高的集装箱码头。但从收费情况来看,相比新加坡、中国香港等港口,宁波港装卸费相对低廉,其国际中转装卸费仅仅为普通集装箱装卸费的50%,且除了冷箱的插电费,正常情况下中转箱不收取其他费用。

(3)航班、航线越来越密集。2011年5月,宁波港集装箱月航班达1260班,日均超过40班。[①] 全球排名前20位的船公司都在宁波港设立了代表机构或者分公司。截至2010年底,宁波港开辟国际集装箱航线176条,其中欧美航线占

---

① http://cccmc.mofcom.gov.cn/article/xuehuidongtai/201106/20110607598316.html

43.8％,表明宁波港的远洋运输继续保持主导地位,航线网络结构进一步完善和优化。在主航线、支线、枢纽港、支线港等之间形成的运输系统势必吸引和带动国际中转量。

2.障碍

(1)港口地理条件不利。在地理位置上,宁波港属于腹地型港口,在两条国际远洋主干线——跨太平洋航线和亚欧航线上,宁波港与中国其他沿海港口一样,都与主航道有一定距离,而非处于国际航道的要冲和节点,与国际知名中转港——新加坡、中国香港、釜山相比处于劣势。

(2)自由港政策未形成。国际知名中转港一定都是自由港,港口政策环境宽松,船舶、集装箱货物享受"境内关外"政策,良好的行业运作环境,吸引了大量的中转货物。宁波港的港务管理体制虽然经过多年改革,但与国际上的自由港制度和自由贸易体制尚有较大的差距。梅山保税港区 2011 年 7 月 1 日刚刚正式投入运行,且"保税港区"和自由港开放程度仍有很大的差距,如港口的自由航运环境尚未形成,港口与保税区"境内关外"的自由环境尚未真正形成。在国内外的激烈竞争形势和发展趋势背景下,未形成自由港是国际中转量不能提高的关键瓶颈。

(3)码头拥堵降低中转效率。一方面,船舶靠泊等待时间较长。宁波港集装箱吞吐量的过快增长,尤其是内外贸标准箱运输的接轨,使宁波港口集装箱专用泊位不足和设备落后的矛盾日益突出,干线船和支线船靠泊同样的码头,使用同样的大型桥吊设施,既增加了装卸成本,也降低了装卸效率。另一方面,集装箱转泊运输不畅。宁波港很多集装箱堆场和港区相连,使集卡还箱、进港、提箱都在同一个地方,这就造成了港区的拥堵,往往一辆集卡进港或提箱要排几个小时的队,大大降低了集装箱的运输效率,提高了运输成本。

(4)缺少货代公司总部。客户在出口国选定的货代公司,其在亚太区域的分支机构总部大多设在中国香港、上海。因此,在提单上的指定收货人一般会是中国香港或上海的货代公司,中转港的选择也会更加偏向于中国香港和上海。

四、航运服务贸易业态研究:国际邮轮服务

(一)服务贸易视角下的邮轮业务

邮轮是装备了较为齐全的生活与娱乐设施、专门用于游览的轮船,一般仅指营运性的远洋邮轮,不包括私家邮轮和内河游船。邮轮服务业是介于运输业、观光与休闲业、旅游业之间的一种边缘服务业,由于其环球运输的特点,可以将之划入国际服务贸易的范畴。

邮轮服务业的运行和发展,推动了一个国家或地区相关产业的发展,形成多产业共同发展的经济现象,通常被称为邮轮经济。广义来说,邮轮经济包括邮轮制造及其上下游相关产业、邮轮产业、邮轮码头区域的相关产业;狭义的邮轮经济是由于邮轮抵达之前、抵达、停靠、离开码头所引发的一系列产品与服务的交易。本文研究仅限于狭义的范畴。

从服务贸易视角来看,邮轮为停靠母港带来了大量的外汇收入,属于服务贸易纯收入项目。收入来源主要有两个部分,一是邮轮旅客和船员上岸后的旅游、住宿、购物、娱乐等消费;另一部分是邮轮本身所需的停泊、引航、生活补给、加油、加水以及维修保养带来的外汇收入。据测算,以每位游客每天消费 500 美元计,一艘载 1000 人的邮轮停靠一天,即可带来 50 多万美元的收入,再加上邮轮公司自身的支出,为停靠母港带来了可观的外汇收入。在亚洲邮轮经济发达的城市新加坡,2003 年邮轮带来了 300 多万人次的客流,邮轮产业成了当地旅游业的支柱;在中国香港,2005 年邮轮也带来了 200 多万人次的客流,可想带来的财富之多;相比之下,中国邮轮业务刚刚起步,2010 年中国沿海接待国际邮轮的港口共计 16 个,运营的国际邮轮约 20 多艘。据中国交通运输协会邮轮游艇分会初步统计,2010 年乘坐邮轮赴海外旅游的出入境中国大陆游客 79 万人次(不含香港、澳门、台湾地区),比 2009 年的 65.8 万人次同比增长 20.1%,乘坐邮轮来华的入出境国际游客 46.2 万人次,同比增长 15.5%。

(二)开展邮轮业务的前提条件

国际上邮轮业务发达国家都建有邮轮母港,世界邮轮之都迈阿密拥有 12 个国际邮轮港区,能停泊超过 20 艘邮轮;新加坡这一弹丸之地建有两个世界级的邮轮停靠码头。因为只有拥有邮轮母港,才能吸引邮轮停靠,从而带来大量的游客和外汇收入。而一个地区是否适合建设邮轮母港,取决于很多条件:

首先,要具备港口地域优势。必须是沿海港口城市,且港区靠近城市中心,水深条件、岸线长度、航道条件都较好。其次,该地区旅游资源丰富,旅游景点质优量多。综观世界邮轮母港,有些是积聚了大量的历史人文古迹,有些具有大都市深厚的文化旅游资源,有些又是公认的世界购物天堂。同时,这些大都市附近又联结了众多的特色旅游城镇,以此为中心点,可以形成一日和半日的往返旅游。再次,港口软硬件基础较好。建有世界级的现代化码头、停泊设施及潜在的扩展条件,有较好的轮船维护基地,有符合国际法规和惯例的出入关程序和口岸管理程序。

(三)国际邮轮产业发展现状

1. 国际现状

现代邮轮业作为一种度假旅游方式兴起,可以追溯到 1966 年,以挪威加勒比邮轮公司开通从迈阿密至巴哈马的常年航线作为起点。当时,在航空客运业的强力冲击下,经由一系列业务功能转型、运营模式创新和市场重新定位,邮轮旅游已经从原来海上客运业淡季时的补充性业务,成长为规模庞大的现代专业旅游业务活动。① 经过 40 多年的发展,全球邮轮产业已经成为国际旅游业中的一项重要业务内容,2008 年全球邮轮旅游业接待量为 1700 万人次。以美国为代表的北美地区是全球最大的邮轮旅游市场,处于绝对领先地位。该地区所接待的邮轮游客数量占全球邮轮游客总量的比重虽然一直在降低,但年市场占有率依然在 80% 左右。据 Seatrade 预测,2020 年全球邮轮游客数量可达 3000 万人次。

与世界邮轮市场相对应,主要邮轮母港也大都分布在北美、欧洲和东南亚地区。北美邮轮经济最为发达。美国迈阿密享有“世界邮轮之都”美称,拥有 12 个超级邮轮码头,2000 米岸线,泊位水深达 12 米,可同时停泊 20 艘邮轮。欧洲邮轮经济也有很长历史,形成了许多著名邮轮都市,其中首推西班牙的巴塞罗那。巴塞罗那扼地中海出入大西洋的咽喉,附近旅游资源十分丰富,设有 6 个客运码头,可同时停泊 9 艘邮轮。纽约和温哥华分别拥有 6 个和 3 个泊位的邮轮码头。

亚洲邮轮业起步较晚,但近年来发展势头良好,其典型代表是新加坡和中国香港。中国香港可同时停靠 2 艘大型、4 艘小型邮轮,新码头于 2008 年建成。新加坡 1991 年底耗资 5000 万新币兴建了邮轮码头,1998 年又由政府投资 2300 万新币,建成可同时停泊 8 艘邮轮的深水码头,被世界邮轮组织誉为“全球最有效率的邮轮码头经营者”。

2. 国内现状

中国邮轮市场刚刚起步,目前还是以建设和完善邮轮港口等岸上设施、接待外国来访邮轮的模式为主,出境的邮轮旅游市场仍处于初期培育阶段。在环渤海、长三角地区、东南沿海、珠三角地区和西南沿海五个港口群的基础上,中国邮轮市场初步形成了以天津、上海、厦门、三亚等邮轮港口为中心的邮轮市场区域。尽管与国际上发展较好的邮轮港口相比,中国邮轮接待量还较少,但近些年一直保持较高的增长率。据不完全统计,2008 年停靠国际邮轮艘次增幅达 27.4%,共有 344 艘邮轮访问中国沿海各港口。今后随着沿海几个邮轮码头建成使用,来访邮轮将会持续增加。

在浙江,得天独厚的地理位置推动了邮轮经济的兴起。目前,舟山已跻身全国七大邮轮母港之列,邮轮经济发展步入快车道。国际邮轮母港码头已经在朱家尖开工建设。首艘以舟山为母港的豪华邮轮“中华之星”,不久将在舟山首航。2012 年 5 月,来自中国香港的国际邮轮“汉莎蒂克”号,顺利停靠普陀山、

---

① 张言庆,马波,范英杰. 邮轮旅游产业经济特征、发展趋势及对中国的启示. 北京第二外国语学院学报,2010(7).

"汉莎蒂克"号载有157名欧美游客,几乎都是首次来舟山。

与此同时,温州民间资金也热衷于邮轮行业。已于2012年3月试营业的全球唯一六星级双体邮轮"中华之星",是温州民间资本投资服务中心的大手笔投资;2012年5月建成下水的"明珠七号"豪华游轮也是温州民间资本投身邮轮行业的见证。未来,温州在邮轮产业将会有更多作为。

(四)国际邮轮产业发展趋势

全球邮轮经济向亚洲转移信号增强。北美是邮轮起源地,2008年全球邮轮旅客中,64%来自北美,27%来自欧洲。全球最大的两家邮轮集团:嘉年华和皇家加勒比的总部均设在美国。但是,随着欧美市场邮轮目的地的日益成熟和亚洲市场旅游地的不断开发,世界邮轮市场格局正在发生悄然变化,出现了向亚洲市场转移的趋势。

邮轮出现大型化、豪华型趋势。为了增加邮轮收入、降低成本,取得规模经济效应,邮轮建造呈现日益大型化的趋势,与此同时,新建邮轮也在向舒适、豪华方向发展。大多数新投入营运的邮轮,造价昂贵,拥有先进的导航设备和强大的推进力,其豪华程度足以与五星级宾馆相媲美,吸引了大批旅游爱好者。

邮轮业务联营化趋势。邮轮旅游联营化指的是邮轮公司与旅游经营商、交通服务提供商(陆路和航空)、旅游港口等相关企业形成较为紧密的合作关系,共同为游客提供一体化的邮轮体验服务。这种运营模式首先且主要体现在交通体系方面,即邮轮公司开办飞机—游船、铁路—游船、汽车—游船等多种方式的联运业务。目的是为游客乘船旅游提供极为便利的条件。

随着中国等新兴市场国家的崛起,人均收入水平的不断提高,邮轮市场的客户已不仅局限于欧美等发达国家,而是向亚洲新兴市场国家不断扩展,稳定增长的客户源必然推动邮轮业务的兴旺。因此,在未来一定时间内,可以预见邮轮经济仍将快速发展。

五、航运服务贸易业态研究:航运保险服务

(一)航运保险及其影响因素

海上运输的一个重要特点就是风险大、不确定因素多,因此特别依赖保险服务为之降低风险。现代保险业务最早就是起源于航运保险。根据英国《1906年海上保险法》的规定:"海上风险是指因航海所发生的一切风险,例如海难、火灾、战争、海盗、抢劫、盗窃、拘留,以及政府和人民的扣押、抛弃,船长、船员的故意行为,或其他类似性质的在保险合同中注明的风险。"

针对海上运输的各类风险,海上保险主要分为三大类,分别是船舶保险、货

运保险和保赔保险。船舶保险是以船舶本身，包括机器和船体为保险标的；货物运输险则是针对运输过程中的货物受损、丢失为理赔对象，这两个险种主要由商业保险公司经营。保赔保险属于船东责任险，大多由船东自发组成的保赔协会进行承保。保赔协会承保的险种一般是常规航运保险（船舶保险和货物保险）所不包括的内容。其功能是船东对第三者责任的保险，涉及的主要内容是对旅客和船员个人损伤、货物的损坏或灭失、与其他船或物体碰撞引起的要求赔偿损失。其会员各自缴纳保险费，共同分担各个会员所应承担的船东责任的损失赔偿额。

(二)服务贸易视角下的航运保险

海上运输业务的全球性移动，使得船运公司在投保时也有了全球范围选择保险经营机构的便利。因此航运保险具有非常明显的国际服务贸易特征，体现在生产和消费具有同步性和国际性。

从服务贸易出口角度看，A国航运保险出口主要有这样几种形式：一是外国船东或船运公司向A国保险经营机构或保险代理机构投保；二是境外保险公司将其承接的航运保险业务，向A国境内保险公司进行分保；三是A国保险机构在境外以商业存在形式开展业务、收取保费。以上形式均是输出保险服务，取得外汇收入。相对应地，A国航运保险进口主要也有这样几种形式：一是A国船东或船运公司向国外保险经营机构或保险代理机构投保；二是A国保险公司将其承接的航运保险业务，向境外保险公司进行分保；三是境外保险机构在A国境内作为商业存在形式开展业务、收取保费。以上形式均是保险服务的进口，A国支付外汇。

从上述分析我们不难判断，在航运保险服务贸易领域，英国无疑是最大顺差国，而中国是逆差国。目前，国际航运保险业务主要由英国、日本、德国和美国所控制，尤其是英国，伦敦没有几家船公司，它的货运量和实际海运业在世界大港里已排不上号，但是其航运保险业务可以占到全球市场份额的23%，全球船东保赔协会保费收入高度集中于伦敦，伦敦占全球市场份额的67%。这其中绝大部分来自于英国以外船公司的投保，以及国际保赔协会会员的再保险。而拥有众多船公司的中国只占到全球航运保险份额的3%不到，众多的国内船公司纷纷在境外保险机构投保。中国唯一的保赔协会——中国船东互保协会已经成立26年，却因种种原因被屡次拒之国际保赔协会集团门外，从而无法获得分保的机会。

(二)航运保险国际发展概况

1. 国际市场

英国是世界上航运保险最发达的国家，代表了国际航运市场的先进水平。

英国 IFSL《2011 保险》研究报告显示,2010 年,全球海运保费收入达到 200 亿英镑,受索马里海盗攻击的影响,全球海运保费金额在 2000 年出现了较大幅度上升。伦敦在全球海运保险市场中仍然占据重要地位,从直接海运保费收入来看(不考虑再保险收入),伦敦达到全球市场的 20%,日本排在第二,占 11%,但日本的保费收入基本来自于本国市场。接下来依次是中国、美国和德国,市场份额分别为 9%、8%、5%。与危机前的 2007 年相比,中国市场份额有了显著上升。

伦敦集聚了世界上最主要的从事海上保险业务的经营机构和专业人才。在伦敦经营保险业务的包括保险公司、劳合社 Lloyd's、船东保赔协会(P&I)和经纪人。伦敦同时聚集了大量的高端金融服务人才,包括仲裁师、精算师、律师、会计师和高级金融顾问。以下分别介绍英国开展航运保险的机构。

(1)公司市场。伦敦的保险公司包括总部设在伦敦的公司,他们都是 IUA(国际保险协会)的会员;EEA 许可的总部设在欧洲的保险和再保险公司;外国公司的联络点,他们无权在伦敦开展业务。伦敦是世界上唯一一个有全球保险业前 20 强公司,同时设立办公经营机构的城市。伦敦 3/4 的保险机构所有者来自国外。2010 年,伦敦公司市场的保费总收入 127 亿英镑中,海运保险占了 15%,达到 19.05 亿英镑。

(2)劳合社。劳合社不是一个保险公司,而是类似于一个市场。汇集了大量的承保机构,提供品种繁多的保险产品,包括人身险、财产险、能源险、汽车险、航空险,尤其是在海运保险和再保险方面,具有悠久的历史和高度的专业化。在它 323 年的历史中,因为创新和专业服务,劳合社在全球范围内赢得了广泛的声誉,也因此赢得了大量的跨境保险业务。2010 年,劳合社的全部保费收入达到 197 亿英镑,其中再保险业务收入,占所有保费收入的 37%,其次是财产险收入占 22%,海运保费收入占全部收入的 7%,达到了 13.8 亿英镑。

(3)全球船东互保协会(P&I Clubs)。全球船东互保协会是由船东和租船者组成的保险共同体,他们是伦敦保险市场上最大的共同体组织,与私人保险公司最大的区别在于它的风险资本的运用是取决于他们的政策执行者而非公司所有者,因而对组织成员具有公平性。它是应海运服务而生,它的主要业务是为它的成员分散那些未被劳合社和商业保险公司所覆盖的风险。包括因冲撞造成的损害和责任,如货物和人员的失踪或受损,船上人员的受伤或去世,对码头设施的破坏责任。2010 年,P&I 的全球保费收入 12.09 亿英镑,绝大部分都是海运保费收入。其中伦敦占 62%,达到 7.5 亿英镑。其次是北欧,占据 P&I 的 28%。

(4)保险经纪人。经纪人是伦敦市场的重要成员,正式通过他们,劳合社和公司才能与遍布世界各地的保险公司开展保险和再保险业务,只有很少一部分的轮渡市场业务是直接与国外公司开展的。2010 年,经纪人总量是 178 个,低于前 10 年 200 个的水平。

2.国内市场

中国海运保险市场以上海为中心,近年来资源不断向上海集聚。国际海上保险联盟提供的数据显示,作为海险业的新兴势力,中国占据全球船体和机械保险业务 10%、货运保险市场 9% 的市场份额。由于人保、太保将航运中心设在上海的缘故,2011 年,上海航运险保费异军突起,成为财险中仅次于车险的险种。2010 年 1 月 9 日,中国人民财产保险股份有限公司航运保险运营中心(以下简称"人保财险航保中心")在上海正式开业。据了解,该中心是中国人保财险公司筹备设立的中国第一家专营航运保险业务的专业机构。紧接着,太平洋产险航运保险事业营运中心也在上海揭牌。据上海保监局数据统计,随着上海国际航运中心建设深入推进,2010 年上海航运保险蓬勃发展。从规模上来说,上海地区船舶险和货运险总量达到 1.94 亿元,占全国相关业务量的 17%,相当于国内其他五大主要港口业务量总和;从增速上来看,船舶险和货运险总量同比增长 30.91%,超过当年上海港吞吐量增速 3 个百分点,增速在国内六大港口中排名第二。尽管如此,上海海上保险保费收入仅占全球的 1%,与伦敦、新加坡等国际公认的国际航运中心城市相比,仍有较大的差距。长期以来,海上货物运输在上海本地投保比例一直较低,略高于 10%,大量进出口货物尤其是进口货物都在境外投保。

宁波的航运保险主要以船舶险业务为主。1991—2008 年,宁波市船舶险业务保费收入总计 8.4 亿元,占财产险业务总量的 3.58%。20 世纪 90 年代以来,宁波周边地区如舟山、台州、温州等地的船舶多数保在宁波市内的保险公司,但 2004 年以后,随着周边地市保险公司承保能力的提高,一部分船舶会原籍投保,导致保源减少,增长速度缓慢。宁波虽为港口城市,但大型船队不多,总的船舶吨位量并不高,比较多的是用于海洋渔业捕捞的渔船,下属县域实行渔船互保后,又分流了一部分保源。

2012 年,由宁波港、上海港、中国人保合作发起的国内首家航运保险公司,最快将在 2012 年三季度成立。目前,组建方案已提交保监会审批。公司注册资本初步计划为 10 亿元,三家发起股东的持股比例预计为人保 40%、宁波港和上海港各占 30%。公司总部将设在宁波,重点支持港口航运业和物流业发展。

(四)制约中国航运保险发展的主要因素

1.货物贸易方式局限

由于中国进出口货物贸易地位和保险、运输方面的原因,进口货物多采用

CIF 方式、出口货物多采用 FOB 方式,因此,大量出口货物和进口货物大部分都在境外投保。长期以来,中国进出口企业在与外方进行贸易谈判时处于弱势地位,贸易价格通常由对方确定。此外,这些企业缺乏贸易、保险和运输等方面专业知识也是贸易谈判中处于弱势地位的原因之一。

2. 保险机构实力较弱

国内航运保险机构很少,与国外保险机构实力相比差距明显,主要是国际网络少、国际知名度不高、无法有效及时进行事故处理和理赔;风险管控能力差,运输、贸易、结算等案件处理需要对海上运输造成的货损实施财产及证据保全、担保和反担保等,保险企业对此常常力不从心;保险产品匮乏,提供的保险服务不够全面;保险条款尚未与国际接轨等。

3. 专业人才匮乏

究其原因,与中国目前缺乏非常专业的船舶检验师、公估师大有关系,没有专业人员就无法在船损时准确确定损失费用,进而给保险公司造成过多额外负担和不必要损失,致使保险公司不敢承保。

4. 法律体系不健全

据了解,目前中国还没有一部专门关于航运保险的法律,《海商法》、《保险法》中相关规定尚存在不完善、不完备之处,如保险利益、如实告知、保证、委付、代位求偿等问题的规定,容易产生争议;由于法律规定不完善性,以及法官对问题理解的不同,妨碍了司法的统一,影响了理赔效率。海事仲裁比较落后,绝大多数海上保险纠纷案件以诉讼方式解决,没有发挥海事仲裁简易快速解决争端的作用。

5. 政策支持力度有待提高

航运保险属于高风险的业务,国外许多航运中心对航运保险均给予税收优惠,大力支持、扶持航运保险发展。与国际主要航运中心和航运保险重要市场比较,国内航运保险在营业税、所得税、合理费用税前列支方面的优惠政策的力度,还需进一步提高。在航运保险的保险监管、外汇监管、证券监管等方面,还需要政府部门牵头协调,给予宽松的政策环境。

六、宁波发展航运服务贸易的策略研究

(一)提升传统海运服务

1. 提升运输服务业的综合实力

运输服务业作为运输服务贸易的产业基础,其整体竞争力水平对运输服务贸易的发展起到了决定性作用,落后的产业基础将会大大限制运输服务贸易部门的发展,因而促进中国运输服务贸易的快速发展,应优先提升运输服务业的整体竞争力水平。

(1)兼并重组壮大骨干企业。截至 2011 年,宁波限额以上航运企业 65 家,其中只有 4 家从事远洋货运,其余的则都是从事内河运输或沿海运输。航运企业实力不强,抗风险能力较弱,无法与国外大型航运公司抗衡。因此,要鼓励和引导航运企业兼并重组,建立宁波航运的自有品牌,并利用品牌效应吸引货源,在干散货全球运输市场上打响宁波的名气。

(2)择机进入国际集装箱班轮运输。宁波国际集装箱吞吐量近年来迅速增长,2012 年第一季度完成 370 万标箱,增幅居大陆港口集装箱吞吐量前四强的首位。但集装箱运输却主要被国外班轮垄断。由于集装箱运输投入成本大,进入门槛高,贸然进入该行业对企业后续发展不利。应选择合适的时机和进入方式。建议航运企业与港口企业合作,开展集装箱运输业务,提高国内企业在集装箱运输市场的份额。

(3)财政税收政策倾斜。对航运企业新增运力、扩大规模、在宁波注册等给予税收补贴,鼓励航运服务业做大做强。学习国外船舶基金模式,成立政府引导基金,吸引社会资金进入船舶、航运、码头建设等领域,主推宁波航运业的发展壮大。

2.加快多式联运系统建设

组合多种运输方式和运输工具构成多式联运系统,是降低社会物流成本的重要手段。通过近几年大力开展集疏运网络建设,已形成主支航线相间、海陆结合的集装箱集疏运网络,水水中转比重达到 15% 左右,海铁联运实现历史性突破,达到 2.81 万 TEU,有力支持了港口腹地的拓展,加强了对货源的控制。但集疏运网络也存在着结构失衡,铁路、内河发展滞后,过多依赖公路运输等问题。

对此,我们建议宁波在水路网络方面,加大远洋航线比重,优化远洋、近洋及内支贸线航线布局,拓展沿江、沿海腹地;在陆路网络方面,在中西部地区建设"无水港",利用铁路深入港区的优势,加快海铁联运发展,推进多式联运业务,拓展内地腹地。通过网络布局增强港口的辐射能力以及对货源的控制能力。

加快物流信息技术应用。为了保障多式联运系统的高效运作,必须建立一个统一高效的物流信息平台。通过数据交换系统和互联网,对物流环节中产生的信息进行分析,并反馈给物流链上的相应环节。加强协作,提高管理水平,提高物流系统整体运行效率。

3.通过运贸一体化把握海运主动权

宁波是典型的外向型经济,出口依存度高。进出口企业在签订贸易合同时,应争取货物运输由国内运输企业承担。如出口合同以 CIF、FCA、CIP、CPT 等方式签订,而进口合同主要以 FOB 等形式签订。由此延伸出来的海陆运输权能够掌握在国内企业手中。

进出口企业应积极寻求与国内大型海运公司的合作,争取在合理价位签订长期运输合同,以控制运费波动的风险,减少成本。而运输企业也应主动出击,抓住宁波建设大宗商品交易市场机会,与大宗商品交易方签订运输协议,以保证长期稳定的客户来源。

(二)加强航运保险服务

1.尽快成立国内首家航运保险公司

由宁波港、上海港、中国人保合作设立的国内首家航运保险公司,目前正提交保监会审批。宁波市政府应充分认识该项业务的重要意义,积极争取国家政策的支持,使得航运保险公司能尽快成立。成立后的重点业务领域应当为港口航运业,同时,应积极研发和推广航运保险的新产品、新模式。在此基础上,集成开展各种财产类、人寿类保险业务,力争在 5～10 年内,成为一家具有较强竞争力、较好盈利水平的专业性保险机构。在今后,不仅服务上海、宁波两地,服务长三角地区,还服务全国的港航,同时走向国际。

2.积极开展航运保险相关配套服务

航运保险离不开有公信力的公估公司。目前,上海已成立了中国首家船舶保险公估机构——上海船舶保险公估有限责任公司,该公司由中国保监会批复成立,是上海航运交易所的全资子公司,主要从事船舶检验、估价、风险评估,以及保险船舶出险后的查勘、检验、估损理算、残值处理、风险管理咨询等。宁波同样需要发展中介机构,如评估船舶价格的船舶估价公司、检验人、理算人和海事律师等。除此之外,还应向客户提供海上风险管理咨询方面的服务,向托运人和承运人提供货物包装、装卸、仓储及船舶、码头的咨询服务等相关配套服务。

3.积极创新海上保险险种

各大保险公司在宁波的分支机构应设立航运保险事业部,针对宁波特有的码头岸线、航运企业和航运业务,有效衔接国际、国内两个市场,积极创新保险产品,升级保险信息技术水平,在产品创新、业务创新上先行先试,如大力发展船舶保险、海上货运保险等传统保险业务,探索新型航运保险业务,积极参与对技术性要求高的承运人责任险、码头责任险、船舶险等业务。使之真正成为中国保险业产品创新和技术研发的先行区。

4.加强海上保险专业人才的培养

海上保险业务涉及的范围广泛,而且国际化程度高,需要建立一支高素质的精通保险、了解航运业务、拥有较高外语水平的航运保险从业人员队伍。它要求海上保险人员除了熟悉海上保险法规与实务以外，还必须通晓国际贸易、国际航运、国际经济、国际金融等方面的理论与实务。宁波应大力加强这方面人才的引进与培养，以适应航运保险的发展。

（三）拓展国际中转业务

1.打造以梅山港为主体的国际中转核心区

宁波港区中最适宜发展国际中转业务的区域是梅山港，作为全国第五个保税港区，梅山港的政策优势逐步落地，且梅山保税港区"十二五"发展规划的功能定位中，已经非常明确地将国际中转作为拓展领域。梅山保税港区打造国际中转核心区，重点一是落在提高通关速度。梅山港应积极争取"先申报、后进港"的通关模式，探索转关货物报检新模式、担保放行机制、简化保税业务监管方式，提高人员出入境管理的服务效率。二是发展出口集拼、配送等增值服务业务，在陆上特定区域设立出口加工区，开展加工贸易，进口的原材料、零部件、元器件和成品进港可予保税，保税货物和采购进区的国内货物进行加工、装配，获取高附加值后出口；开展进口产品贴牌加工服务，充分利用中国—东盟自由贸易区协议，吸引非协议受惠国的产品来梅山港贴牌、中转。

2.加强港口基础设施改造

一是改造现有码头，区分大型集箱码头和小型集箱码头，前者沿用重型桥吊，后者则改用轻型桥吊，既节约成本又提高了小型船装卸效率。二是加大"水水中转"、"水铁中转"建设力度，提高中转货物在港区内转泊速度，改变目前单靠集卡运输的情况。建议开通水上短途驳士（shuttle bus）运送中转箱，而集卡只运冷箱，缓解陆上拥堵状况；建设环港铁路，在各个港区海岸线前沿设立双规双向环形铁路，加快货箱的运送速度，确保准点率。三是积极拓展远洋运输支线网络，如果没有完善的支线网络，中转的货物就无法到达目的港。因此，应鼓励本地船务公司积极开拓支线航线，对于新开辟支线航线，按照实际中转箱量给予必要的财政补贴和奖励。

3.加强港口软环境建设

一是注重以科技带动生产力。宁波港码头分散，进出港航班众多，建议成立"水水中转统一调度系统"，统一调配需要中转的干线船和支线船的停离泊、拖车转码头、海关放行和EDI中心，保障船舶和货物有序运行；打通目前各个港区的信息平台，建立统一的信息系统，满足企业的各种信息需求。二是提高通关效率，提供更加人性化的服务。建议取消通关纸面申报，节约企业人力和物力；缩短中转箱滞港时间，实行24小时申报，全天候放行，简化申报流程，对中转箱的监管可以参照国际其他港口的做法，凭箱号监管，实行"进港箱号申报，离港自动核销",简化中转业务手续。三是全面发挥电子口岸的作用,提供完整准确的仓位、货箱、运费、班期等信息。

4.培育高附加值的临港产业

出台港口产业体系发展规划,重点培育临港工业、港口服务业和离岸业务,引导开展国际中转。建议打造船舶换装修造中心,通过建立集修造、换装一体化的服务,需要检修的船舶将货物在中转港换装后,可以就近进行维修;完善航运金融、保险、物流、代理、信息等配套服务,推动宁波港由国际大港向国际强港转变;充分利用北仑保税区和梅山保税港区的政策,在保税状态下开展国际采购配送,并借由此进一步催生包括集拼、贴牌等更多的加工增值服务,进而吸引国际中转。

5.积极发展总部经济

以宁波口岸优良的地理条件、丰富的物流资源、良好的通关环境和低廉的运作成本,建立健全法律法规,广招国际知名船公司、船务代理来宁波设点,设立相关的政策和优惠措施。吸引更多国际航班挂靠宁波港,发挥国际中转的联动效应,形成"航线多了,航班也多了,货源也来了"的良性循环局面。

(四)建设国际邮轮母港

在硬件建设方面,应加快国际邮轮母港功能泊位建设,尽快建成功能完备的邮轮靠泊码头和运营岸线;加快以邮轮航站楼为功能主体的宁波港国际客运中心建设,为进出港游客提供候船、通关、餐饮、购物、交通换乘等多种旅行服务;加快邮轮母港综合服务配套设施建设;把邮轮装备制造业纳入我市重点支持产业目录和中长期发展规划。建议引进中船集团等具备实力的邮轮旅游装备制造企业,实现豪华邮轮"宁波制造";依托市海运集团等海上运输企业,组建宁波本土邮轮品牌企业,购买大型邮轮,实现邮轮旅游"宁波营运"。

在软件方面,可积极开辟邮轮旅游航线。一是加强与世界著名邮轮公司的联络与合作,制定相应的配套激励政策,吸引世界著名邮轮公司入驻宁波,以宁波作为邮轮母港或区域总部。二是抓紧向交通运输部申请宁波国际邮轮母港定班航线,早日实现邮轮母港航线的常态化运营。初期可以申请开通宁波—济州岛—宁波、宁波—大阪—上海—宁波、宁波—中国香港—澳门—台北—宁波等航线,以后再申请开通宁波至东南亚、欧洲等地区的航线。

此外,尽快编制实施我市邮轮旅游和邮轮产业发展规划。进一步改善通关环境和口岸管理,实现游客在宁波通关程序的国际化、简洁化、便利化。加大邮轮旅游宣传力度,开发适合市场需求的邮轮旅游产品,引导邮轮消费需求。积极开展邮轮旅游客源的组织,采取与腹地城市、周边旅游城市合作的方式,共同打造长三角邮轮旅游区。引进和培养邮轮旅游人才,打造一支高效的邮轮人才队伍。

第四章 海洋旅游贸易发展研究

一、旅游贸易发展的国际比较

(一)国际旅游服务贸易概述

旅游服务贸易(tourism service trade)是指一国或地区旅游从业人员运用可控制的旅游资源向其他国家或地区的旅游服务消费者提供旅游服务并获得报酬的活动。旅游服务贸易既包括外国旅游者的入境游,也包括本国旅游者的出境游。从本质上讲,旅游服务贸易所交易的对象是旅游服务产品,它应具备旅游产品的特质属性。

国际上普遍接受的旅游概念是 1942 年由瑞士学者汉沃克尔和克拉普夫提出的:"旅游是非定居者的旅行和暂时居留而引起的一种现象及关系的总和。这些人不会因而永久居留,并且主要不从事赚钱的活动。"该定义是众多旅游定义中最符合科学规范,也是较完整的一个。而国际旅游是指具备一定支付能力的人们为满足自己国际旅游的愿望所进行的跨国旅游活动。国际旅游的产生和发展是旅游服务贸易发展的前提和基础。

需要说明的是,旅游服务贸易作为国际服务贸易的重要组成部分,是一种贸易品,因而它又兼具贸易品的特质(梁峰,2010)。虽然关于服务贸易的定义还不统一,但 GATS 于 1994 年提出的服务贸易概念为绝大多数成员国所普遍接受。参照服务贸易的划分标准,我们将旅游服务贸易也分为跨境提供、境外消费、商业存在和自然人移动。跨境提供旅游服务贸易是指主要通过网络、电信等手段为境外旅游者提供旅游信息、咨询、远程预订等服务;境外消费旅游服务贸易是指在国内为国外入境旅游者提供旅游服务。商业存在旅游服务贸易是指外国投资者通过到一国开发或旅游景区景点、建立旅游饭店和旅行社等方式为该国旅游者提供旅游服务。自然人移动旅游服务贸易是指为赴一国的外国公民、人员提供有关的旅游服务和管理。

国际旅游服务贸易具有交易跨国性特征,但不包含所有权转移的特殊交易方式,无法独立于合同之外;具有不可储存的特点;贸易主要发生在境内;主体具有广泛性;涉及的法律复杂且综合。正因为这些特征,旅游服务贸易相比其他服务贸易的明显区别表现在,旅游服务贸易主要是通过过境消费方式来完成的。因而,国际旅游是旅游服务贸易的主要形式。

(二)中国旅游服务贸易发展现状

改革开放以来,中国旅游服务贸易发展迅速,正逐渐成为中国服务贸易的支柱产业,推动国民经济发展的作用日益明显。从中国旅游服务贸易发展历程看,形成了几个阶段。

第一阶段,从新中国成立到 20 世纪 70 年代后期。此时的中国旅游业主要承担着与其他社会主义国家及友好国家加强国际往来的政治任务。这一时期,国内经济发展水平较低,人民生活处于温饱阶段,旅游发展规模较小,以外事接待为主,结构较为单一。

第二阶段,改革开放后到 1985 年。中国旅游业逐渐从外事接待工作中分离出来,其对经济发展的促进作用逐渐显现。1984 年中共中央提出了国家、地方、部门、集体、个人一齐上,自力更生与利用外资一齐上的旅游发展和建设指导方针,从而拉开了全方位发展旅游业的序幕。

第三阶段,1986 年到 2001 年。1986 年国务院把旅游业正式写入"七五"规划,将旅游业确定为国民经济体系中的一个支柱产业,提出加快旅游业的发展,这对于改变传统经济增长格局具有重要意义。

第四阶段,加入 WTO 后至今。随着中国经济市场化进程进一步加快,国际经济实力明显增强,国际形象得到极大提升,国内旅游景点国际知名度不断提高,在全球经济一体化的推动下,中国旅游服务贸易的规模与结构正发生着重要变革,由粗放型向集约型转型。

总体来说,中国旅游服务贸易得到了长足的发展,特别是改革开放以来取得的成绩更是令人瞩目,主要呈现出以下几个特点。

第一,旅游服务贸易的优势凸显,增速快于世界平均水平。

20 世纪 80 年代至今,中国旅游服务贸易的发展遇到了国内外的良好环境和机遇,无论从规模上还是增长速度上都有了较大发展。从跨境旅游服务贸易进出口的规模看,1982 年,中国跨境旅游服务贸易出口额 7.03 亿美元,进口额 0.66 亿美元,到 2011 年这两项指标分别达到 467.65 亿美元和 725.8 亿美元,年均增长分别为 15.57% 和 27.31%。具体来说,改革开放至加入 WTO 之前,中国旅游服务贸易出口年均增长 18.54%,进口年均增长 32.53%,旅游服务贸易进出口总额年均增长 21.62%;加入 WTO 以来,中国跨境旅游服务贸易出口、进口、进出口总额年均增长分别为 9.66%、18.80% 和 14.32%。而对比同期的世界跨境旅游服务贸易进出口额可发现,1982 年世界旅游服务贸易出口、进口、总额分别为 1013 亿美元、1007 亿美元和 2020 亿美元,2011 年该三项指标分别为 10641 亿美元、9433 亿美元和 20074 亿美元,年均增长速度分别为 8.44％、8.02％和 8.24％(见表 4-1)。可以说,中国旅游服务贸易的增长速度远远超过世界旅游服务贸易的增长水平,显现出中国旅游服务贸易发展强劲的规模优势和速度优势。

表 4-1　中国跨境旅游服务贸易增长速度与世界的对比　　(单位:％)

区域	流向	1982—2001 年	2002—2011 年	1982—2011 年
中国	出口	18.54	9.66	15.57
	进口	32.53	18.80	27.31
	总额	21.62	14.32	19.00
世界	出口	8.41	8.94	8.44
	进口	7.95	8.44	8.02
	总额	8.18	8.70	8.24

数据来源:WTO 网站。

第二,旅游服务贸易由"单向驱动"转向"双向驱动"的并行发展格局。

从结构上看,在 1991 年之前,中国旅游服务贸易的规模不大,1982 年进口只有 0.66 亿美元,1991 年才达到 5.11 亿美元,但在邓小平南方谈话以后,旅游服务贸易进口规模迅猛增长,到 2011 年达到 725.8 亿美元,其中在 2009 年就达到 437.02 亿美元,首次超过出口规模。这说明,中国旅游服务贸易的进出口结构出现了巨大的变化,20 世纪 90 年代之前的旅游业发展属"单向驱动",即由入境旅游驱动。之后随着人们国民收入的不断增加,旅游意识逐渐增强,入境旅游、出境旅游都得到了快速发展,出现了国内、国际两个市场共同驱动的良好增长形势。

第三,旅游服务贸易由粗放型向集约型发展方向转型。

改革开放之初,中国的旅游业主要借助丰富的旅游资源吸引国外游客,以入境游为主。根据 WTO 统计数据,2011 年中国旅游服务贸易进出口规模达到 1209 亿美元,占世界的份额为 6.0％。毫无疑问,中国已经成为一个非常突出的旅游大国,但中国旅游服务的增长方式是一种以追求数量、规模为主的粗放型增长。而中国要从一个旅游大国转变成为旅游强国,必须要走集约型发展道路,要摒弃之前的以数量、规模为主的观念,树立以保护旅游资源、走可持续发展的观念。

应该说,加入 WTO 后,中国旅游业从制度环境和产业发展环境方面都做了相当大的改革,取得了丰硕的成果,实现了从"硬件"到"软件"的一定升级。从区域旅游合作与重组来看,已形成了珠三角、长三角、环渤海等几个著名的品牌旅游景区。旅游服务贸易的方式和提供模式都经历了多样化的良好发展势头。从资源依赖型的粗放型旅游服务贸易增长方式向要素结构优化型的集约型发展模式转型已初见成效。

(三)旅游服务贸易发展的国际比较

我们从两个角度对旅游服务贸易发展进行国际比较。一方面是中国与旅游服务贸易强国进行比较,为此,我们选择了9个有代表性的旅游服务贸易强国,它们是美国、加拿大、法国、德国、意大利、日本、墨西哥、西班牙、英国。另一方面是中国与其他金砖国家相比较。

1. 中国与旅游服务贸易强国的比较

(1)出口、进口及增速的比较

从旅游服务贸易出口额来看,美国的旅游服务贸易出口总量稳居世界第一,2011年达到1507.34亿美元,占世界旅游服务贸易的比重达到14.2%,这主要得益于美国突出的旅游资源。美国拥有黄石公园、尼亚加拉瀑布、科罗拉多大峡谷等338个国家公园和155个国家森林公园,以及迪斯尼等为数众多的主题公园(见图4-1)。据2011年世界经济论坛发布的《旅游竞争力报告》中,美国的自然资源排在世界第3位,文化资源排名第6位。

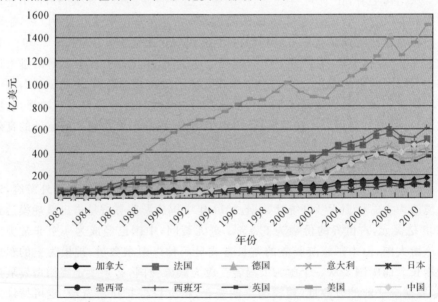

图 4-1   中国出口旅游服务贸易及与其他旅游强国的对比

数据来源:WTO网站。

　　中国同样拥有丰富的旅游资源禀赋,旅游服务贸易于 1990 年之后异军突起,增速保持在 10% 以上,2011 年出口额达到 467.65 亿美元,占世界旅游服务贸易的比重达到 4.4%,仅次于美国、西班牙和法国。另据 2011 年世界经济论坛的《旅游竞争力报告》,中国的自然资源排在世界第 5 位,文化资源排在第 16 位。可见中国在旅游服务贸易方面的"软实力"有待进一步加强,这也是中国旅游走集约型发展道路的重要支撑点。

　　从旅游服务贸易进口额来看,德国、美国和英国始终保持在前列,但由于受到 2008 年金融危机和之后欧债危机的后续影响,2008 年之后旅游进口一度下滑,其中英国下降最为明显。与此相反,中国的进口旅游贸易则在加入 WTO 后保持强劲的增长势头,从 2001 年的 139.09 亿美元,增加到 2011 年的 725.8 亿美元,总量上已经超越英国,仅次于美国和德国(见图 4-2)。

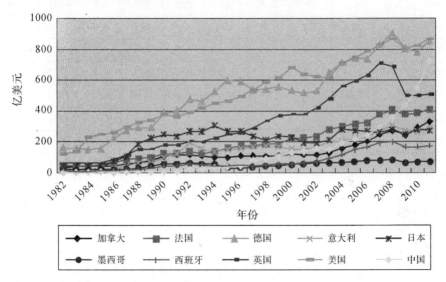

图 4-2　中国进口旅游服务贸易及与其他旅游强国的比较

数据来源:WTO 网站。

(2)国际市场占有率指数(MS)

　　该指标是指一国某产品出口总额占世界该类产品出口总额的比例,反映一国该产品出口的整体竞争力,即出口市场占有率=出口总额/世界出口总额。将该指标应用于旅游服务贸易产业,即一国旅游服务出口总额与世界旅游服务出口总额之比,反映该国旅游服务贸易出口占世界市场的比例。比例高说明出口竞争力强,也可以直接反映旅游服务贸易国际竞争力的现实状态,以及各国竞争力或竞争地位的变化,经济分析意义明显。为更好地反映中国进口旅游服务贸易的发展,我们还计算了中国进口旅游贸易占世界的比重。

从国际出口市场占有率来看,美国始终稳居第一位,中国则从1982年的不足1%上升到2011年的4.4%,名列第四位。从进口旅游服务贸易所占世界份额来看,德国和美国交替位列前二位,但由于受金融危机影响,2008年之后两国份额都有所下降,随之又有一定恢复(见表4-2)。

表4-2　中国出口旅游服务贸易市场占有率及与其他旅游强国的比较

(单位:%)

年份	加拿大	法国	德国	意大利	日本	墨西哥	西班牙	英国	美国	中国
1982	2.8	6.9	4.8	7.9	0.8	2.6	7.0	5.5	14.8	0.7
1983	3.0	7.1	5.1	8.5	0.8	2.7	6.8	6.0	13.7	0.8
1984	2.9	6.9	4.5	7.4	0.9	3.0	7.0	5.5	18.4	0.8
1985	3.0	6.9	4.9	7.2	1.0	2.5	7.0	6.2	18.1	0.8
1986	3.0	6.8	5.5	7.0	1.0	2.1	8.4	5.7	18.0	0.9
1987	2.5	6.8	5.7	6.9	1.2	2.0	8.4	6.5	16.5	1.0
1988	2.5	6.8	5.2	6.1	1.4	2.0	8.2	6.1	17.2	0.9
1989	2.6	7.4	5.0	5.4	1.4	2.2	7.4	5.8	19.2	0.7
1990	2.4	7.7	5.4	6.2	1.4	2.1	7.0	5.9	19.1	0.7
1991	2.4	7.7	5.4	6.7	1.2	2.2	6.9	5.3	20.5	0.9
1992	2.1	8.0	5.0	7.4	1.1	1.9	7.0	4.9	20.1	1.1
1993	2.0	7.3	4.6	7.1	1.1	2.0	6.1	4.9	21.1	1.5
1994	2.0	7.1	4.3	7.1	1.0	1.8	6.2	4.8	19.8	2.1
1995	2.0	6.9	4.5	7.1	1.1	1.5	6.3	5.1	18.6	2.2
1996	2.0	6.5	4.1	6.9	1.3	1.6	6.3	4.9	18.9	2.4
1997	2.0	6.3	4.1	6.8	1.3	1.7	6.0	5.2	19.7	2.8
1998	2.1	6.7	4.2	6.7	1.1	1.7	6.6	5.4	19.2	2.9
1999	2.2	6.8	4.0	6.2	1.0	1.6	6.8	5.0	20.1	3.1
2000	2.3	6.9	3.9	5.7	0.9	1.7	6.2	4.5	21.0	3.4
2001	2.3	6.9	3.8	5.5	0.9	1.8	6.5	4.0	19.6	3.8
2002	2.2	7.1	3.9	5.5	1.0	1.8	6.5	4.2	17.9	4.1
2003	2.0	7.3	4.3	5.8	0.9	1.7	7.3	4.2	15.9	3.2
2004	2.0	7.0	4.3	5.5	0.9	1.7	7.0	4.4	15.2	4.0
2005	2.0	6.3	4.2	5.1	1.0	1.7	6.9	4.4	15.3	4.2

年份	加拿大	法国	德国	意大利	日本	墨西哥	西班牙	英国	美国	中国
2006	1.9	6.1	4.3	5.0	1.1	1.6	6.7	4.6	14.7	4.5
2007	1.8	6.2	4.1	4.9	1.1	1.5	6.6	4.4	14.1	4.3
2008	1.6	5.9	4.1	4.8	1.1	1.4	6.4	3.8	14.5	4.3
2009	1.6	5.7	4.0	4.6	1.2	1.3	6.1	3.5	14.2	4.5
2010	1.7	4.9	3.7	4.1	1.4	1.2	5.5	3.4	14.2	4.8
2011	1.6	4.8	3.7	4.1	1.0	1.1	5.7	3.4	14.2	4.4

数据来源：WTO 网站。

从国际进口市场份额来看，中国的进口旅游服务贸易从 1982 的不足 0.1%上升到 2011 年的 7.7%，仅次于美国和德国，并且这一比重大大超过中国出口旅游贸易所占份额（见表 4-3）。这充分说明中国已经成为一个旅游大国。

表 4-3　中国进口旅游服务贸易市场占有率及也其他旅游强国的比较

(单位：%)

年份	加拿大	法国	德国	意大利	日本	墨西哥	西班牙	英国	美国	中国
1982	3.4	5.1	16.4	1.4	4.1	2.2	1.0	6.3	12.7	0.1
1983	4.3	4.4	16.3	1.4	4.6	1.6	0.9	6.4	13.9	0.1
1984	4.0	4.0	13.7	1.6	4.3	2.0	0.8	5.8	21.7	0.1
1985	3.9	4.1	13.6	1.7	4.3	2.0	0.9	5.7	22.1	0.3
1986	3.3	4.7	15.9	2.2	5.2	1.6	1.1	6.5	19.1	0.2
1987	3.3	5.0	16.2	2.7	6.3	1.4	1.1	7.1	17.4	0.2
1988	3.4	4.8	14.6	3.0	9.2	1.6	1.2	7.3	16.1	0.3
1989	3.8	4.6	13.5	3.1	10.3	1.9	1.4	7.1	15.6	0.2
1990	4.1	4.7	14.8	3.9	9.4	2.1	1.6	6.9	14.4	0.2
1991	4.4	4.5	14.8	4.5	8.8	2.1	1.7	6.6	13.3	0.2
1992	3.8	4.5	15.0	6.2	8.5	1.9	1.8	6.6	12.6	0.8
1993	3.6	4.1	14.9	5.1	8.7	1.8	1.5	6.5	13.5	0.9
1994	3.0	4.1	15.5	4.1	9.1	1.6	1.2	6.7	13.4	0.9
1995	2.8	4.4	16.3	4.0	7.2	0.9	1.2	6.7	12.5	1.0
1996	2.9	4.5	15.1	4.0	6.9	0.9	1.3	6.6	12.7	1.1
1997	2.9	4.4	13.6	4.2	6.1	1.0	1.2	7.2	13.7	2.1

续表

年份	加拿大	法国	德国	意大利	日本	墨西哥	西班牙	英国	美国	中国
1998	2.7	4.7	13.6	4.4	5.2	1.1	1.3	8.4	14.6	2.3
1999	2.8	4.5	13.5	4.1	5.7	1.1	1.4	8.9	14.8	2.6
2000	2.8	5.5	12.1	3.6	5.3	1.3	1.4	8.8	15.5	3.0
2001	2.8	5.3	12.1	3.4	4.5	1.3	1.5	8.8	14.8	3.2
2002	2.6	5.2	11.6	3.7	4.3	1.3	1.6	9.2	13.8	3.4
2003	2.6	5.5	12.9	4.1	4.2	1.2	1.8	9.4	12.2	3.0
2004	2.6	5.1	12.1	3.5	4.7	1.2	2.1	9.6	12.1	3.3
2005	2.8	5.0	11.6	3.5	4.3	1.2	2.4	9.3	11.7	3.4
2006	3.0	4.7	10.7	3.3	3.9	1.2	2.4	9.1	11.3	3.5
2007	3.1	4.8	10.4	3.4	3.3	1.0	2.5	8.9	10.4	3.7
2008	3.1	4.7	10.4	3.5	3.2	1.0	2.3	7.9	10.0	4.2
2009	3.0	4.8	10.2	3.5	3.2	0.9	2.1	6.3	10.2	5.5
2010	3.5	4.5	9.2	3.2	3.3	0.9	2.0	5.9	9.7	6.4
2011	3.5	4.4	9.1	3.0	2.9	0.8	1.8	5.4	9.2	7.7

数据来源：WTO网站。

(3)竞争力指标分析

为了分析中国旅游服务贸易在国际中的竞争力和比较优势,我们引入了贸易竞争力指数(trade competitive index),即 TC 指数,表示一国某一产品或服务进出口贸易的差额占进出口贸易总额的比重,常用于测定一国某一产业的国际竞争力。国内外有些学者也把它称为"可比净出口指数(Normalized Trade Balance,NTB)"。其计算公式为

$$TC=(S_x-S_m)/(S_x+S_m)$$

其中,S_x 和 S_m 分别表示一国(地区)旅游服务贸易出口额和进口额。该指数的优点在于作为一个与贸易总额的相对值,它剔除了通货膨胀等宏观问题方面波动的影响,即无论进出口的绝对值是多少,它均介于 −1 和 1 之间,因此在不同时期、不同国家之间是可比的。当 TC＞0 时,说明比较优势大,而且越接近 1,竞争力越强;当 TC＜0 时,说明比较优势小,竞争力也小;当 TC＝−1 时,说明该国该种商品或服务只有进口没有出口。当 TC＝1 时,说明该国该种商品或服务只有出口没有进口。当 TC 接近 0 时,说明该种商品或服务的竞争优势接近平均水平。

　　从表 4-4 中可知,西班牙、法国、意大利、美国、墨西哥的贸易竞争力指数除个别年份小于 0 外,其余年份均大于 0,其中西班牙和美国的比较优势最大,但两国的发展趋势截然相反,西班牙的比较优势基本是逐年下降,从 1984 年的最高值 0.805 一度下降到 2007 年的 0.491,之后又有所攀升,到 2011 年上升为0.556。而美国的比较优势则逐年上升,20 世纪 80 年代中期一度为负值,之后不断攀升,2011 年达到 0.269。中国的旅游服务贸易则呈现出逐渐失去竞争优势的特征,从 1982 年的 0.828,下降到 2008 年的 0.061,近三年又从正值转变为负值。这说明中国要扭转旅游贸易逆差状态,还需要下功夫做好旅游软实力的建设。

表 4-4　中国旅游服务贸易 TC 指数及与其他旅游强国的比较

年份	加拿大	法国	德国	意大利	日本	墨西哥	西班牙	英国	美国	中国
1982	−0.100	0.151	−0.548	0.695	−0.689	0.093	0.752	−0.067	0.081	0.828
1983	−0.162	0.252	−0.514	0.719	−0.684	0.269	0.769	−0.011	0.010	0.871
1984	−0.136	0.281	−0.492	0.653	−0.652	0.210	0.805	−0.007	−0.07	0.720
1985	−0.122	0.269	−0.457	0.632	−0.617	0.133	0.779	0.056	−0.084	0.514
1986	−0.043	0.197	−0.476	0.525	−0.664	0.163	0.777	−0.047	−0.014	0.600
1987	−0.128	0.166	−0.472	0.448	−0.675	0.199	0.768	−0.029	−0.014	0.628
1988	−0.144	0.174	−0.475	0.341	−0.732	0.117	0.743	−0.094	0.032	0.479
1989	−0.190	0.236	−0.458	0.273	−0.754	0.063	0.681	−0.105	0.108	0.552
1990	−0.264	0.244	−0.463	0.230	−0.748	0.001	0.627	−0.081	0.139	0.574
1991	−0.282	0.267	−0.460	0.203	−0.749	0.012	0.615	−0.103	0.221	0.642
1992	−0.288	0.288	−0.496	0.092	−0.764	−0.002	0.601	−0.135	0.235	0.168
1993	−0.259	0.295	−0.511	0.177	−0.766	0.052	0.611	−0.118	0.236	0.252
1994	−0.179	0.283	−0.554	0.279	−0.797	0.088	0.678	−0.150	0.212	0.414
1995	−0.129	0.256	−0.539	0.319	−0.723	0.322	0.696	−0.098	0.235	0.406
1996	−0.133	0.230	−0.541	0.310	−0.664	0.332	0.686	−0.097	0.244	0.390
1997	−0.131	0.221	−0.504	0.282	−0.613	0.310	0.697	−0.116	0.231	0.195
1998	−0.071	0.221	−0.495	0.258	−0.616	0.281	0.693	−0.1711	0.185	0.156
1999	−0.060	0.256	−0.508	0.253	−0.678	0.228	0.684	−0.240	0.198	0.130
2000	−0.072	0.186	−0.479	0.273	−0.675	0.203	0.660	−0.275	0.195	0.106
2001	−0.059	0.175	−0.484	0.271	−0.628	0.191	0.648	−0.336	0.181	0.122
2002	−0.046	0.191	−0.467	0.227	−0.613	0.188	0.628	−0.340	0.169	0.139

续表

年份	加拿大	法国	德国	意大利	日本	墨西哥	西班牙	英国	美国	中国
2003	-0.114	0.168	-0.477	0.206	-0.634	0.199	0.628	-0.357	0.165	0.068
2004	-0.087	0.200	-0.442	0.270	-0.645	0.216	0.576	-0.334	0.158	0.147
2005	-0.134	0.161	-0.436	0.225	-0.610	0.217	0.522	-0.320	0.174	0.148
2006	-0.171	0.174	-0.385	0.246	-0.521	0.201	0.508	-0.292	0.173	0.165
2007	-0.227	0.173	-0.395	0.220	-0.479	0.211	0.491	-0.298	0.195	0.111
2008	-0.269	0.159	-0.390	0.195	-0.441	0.218	0.504	-0.311	0.231	0.061
2009	-0.275	0.127	-0.402	0.181	-0.419	0.225	0.519	-0.249	0.210	-0.048
2010	-0.306	0.094	-0.385	0.178	-0.358	0.235	0.516	-0.214	0.240	-0.090
2011	-0.322	0.105	-0.376	0.206	-0.436	0.200	0.556	-0.174	0.269	-0.216

数据来源：WTO网站。

2. 金砖国家之间的比较

（1）金砖五国相互间的旅游服务贸易出现增长趋势

从旅游服务贸易来看，金砖五国是旅游服务贸易快速发展的新兴旅游地，旅游业正成为金砖五国国民经济和社会发展的重要新兴产业。如巴西颁布旅游发展的《2020 水彩计划》，力争成为南美洲第一大旅游目的地国。俄罗斯提出《俄罗斯至 2015 年旅游发展战略》，将投入 3 万亿卢布（约合 1000 亿美元）重点打造旅游服务。印度和南非也计划采取措施重点发展旅游服务。

随着金砖五国经济实力的增强，五国间相互的旅游服务贸易出现增长趋势。据统计，2010 年，俄罗斯来华游客 237.03 万人次，是中国第三大客源国；印度来华游客 54.93 万人次，是中国第十六大客源国；巴西、南非来华旅游人数也在逐年上升，分别达到 8.5 万人次和 6.5 万人次。与此同时，俄罗斯、印度、南非也成为中国旅游的重要目的国。中国旅俄游客从 1991 年的 19.7 万人次，增加到 2009 年的 71.9 万人次，增长 2.6 倍；赴南非的游客从 2003 年的 2.5 万人次，增加到 2009 年的 4.5 万人次，增幅达 80%；2005 年巴西成为中国公民自费旅游目的地国家，目前每年约有 2 万名游客赴巴西旅游。

（2）贸易额及增速的比较

从旅游服务贸易总额来看，中国的旅游服务贸易总额居金砖国家首位。1994 年中国旅游服务贸易总额为 103.59 亿美元，2011 年增长到 1209.89 亿美元，增长 10 倍多，年均增速为 15.6%。同期，巴西的贸易额从 1994 年的 31.0 亿美元增长到 2011 年的 280.09 亿美元，年均增速为 13.8%；印度从 1994 年的 30.41 亿美元，增长到 2011 年的 313.47 亿美元，年均增速为 14.7%；俄罗斯从

1994 年的 95.04 亿美元,增长到 2011 年的 438.64 亿美元,年均增速 9.4%;南非从 1994 年的 39.24 亿美元,增长到 2011 年的 147.98 亿美元,年均增速 8.1%(见图 4-3)。可见,中国旅游服务贸易在金砖五国中发展最快。

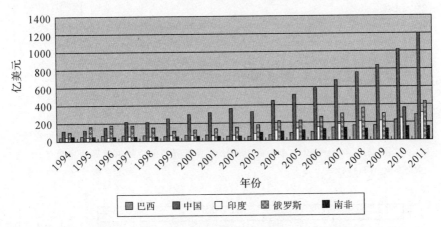

图 4-3　1994—2011 年金砖五国旅游服务贸易额比较

数据来源:WTO 网站。

(3)国际市场占有率指数(MS)

从国际出口市场占有率来看,中国始终居于五国之首。中国旅游服务贸易出口额占世界总出口额的比重从 1994 年的 2.1% 上升到 2011 年的 4.5%;同期,巴西的市场占有率从 1994 年的 0.3%,上升到 2011 年的 0.6%,增长 1 倍;俄罗斯从 1994 年的 0.7%,增加到 2011 年的 1.1%,期间,1999 年曾出现过较大下滑,之后几年虽有所提高,但仍未达到下滑前的水平;南非从 1994 年的 0.6%,增加到 2011 年的 0.9%,增幅 50%;印度的占有率从 1994 年的 0.6% 增加到 2011 年的 1.6%,增长 1.6 倍,增幅显著(见图 4-4)。

从旅游服务贸易进口额所占世界份额来看,中国的占比从 1998 年开始就居于金砖五国之首,特别是在 2008 年之后,该占比上升迅速,2011 年达到 7.6%。巴西的占比出现过较长时间的下滑,从 1999 年开始延续到 2004 年,之后才有所恢复,并于 2011 年达到 2.2%。南非的占比基本持平,但波动幅度较大。俄罗斯的占比从 1994 年的 2.1%,增加到 2011 年的 3.4%,仅次于中国。印度的占比从 1994 年的 0.2%,增加到 2011 年的 1.5%,增长了 6.5 倍,其旅游潜力不容忽视(见图 4-5)。

(4)竞争力指标分析

从表 4-5 中可看出,在金砖五国中,南非和印度的旅游服务贸易竞争力最强,其中,南非的潜力相当大,从 1994 年的 0.052 最高达到 2006 年的 0.413,最近几年虽有所下降,但其优势仍在五国中居首位。印度旅游贸易的发展趋势与

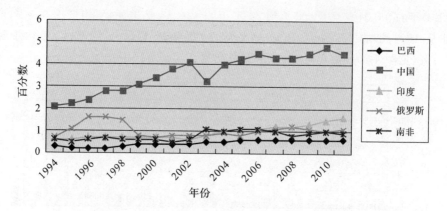

图 4-4 1994—2011 年金砖五国旅游服务贸易出口额占世界的比重
数据来源:WTO 网站。

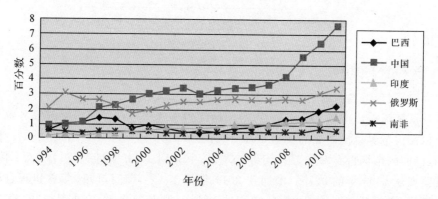

图 4-5 1994—2011 年金砖五国旅游服务贸易进口额占世界的比重
数据来源:WTO 网站。

中国有相似之处,都是从较高的优势指标一路下降,反复较大,但仍然保持着正值,其旅游实力不容忽视,特别是 2011 年印度的出口旅游服务贸易在国际市场上的份额已经达到 1.6%,说明其发展速度还是相当快的。

表 4-5 中国旅游服务贸易 TC 指数及与其他金砖国家的比较

年份	巴西	印度	俄罗斯	南非	中国
1994	−0.391	0.494	−0.492	0.052	0.414
1995	−0.554	0.443	−0.458	0.070	0.406
1996	−0.719	0.512	−0.170	0.197	0.390
1997	−0.695	0.366	−0.171	0.185	0.195
1998	−0.607	0.265	−0.143	0.199	0.156

年份	巴西	印度	俄罗斯	南非	中国
1999	−0.310	0.199	−0.312	0.160	0.130
2000	−0.365	0.125	−0.441	0.124	0.106
2001	−0.298	0.031	−0.444	0.155	0.122
2002	−0.091	0.019	−0.461	0.235	0.139
2003	0.046	0.109	−0.482	0.328	0.068
2004	0.058	0.123	−0.469	0.347	0.147
2005	−0.100	0.095	−0.494	0.380	0.148
2006	−0.144	0.116	−0.407	0.413	0.165
2007	−0.247	0.133	−0.384	0.382	0.111
2008	−0.309	0.104	−0.335	0.287	0.061
2009	−0.345	0.089	−0.381	0.295	−0.048
2010	−0.470	0.142	−0.494	0.238	−0.090
2011	−0.516	0.154	−0.482	0.240	−0.216

数据来源:WTO网站。

二、中国沿海省市的旅游贸易发展研究

(一)中国沿海省市的旅游贸易概述

我们选择了沿海有代表性的几个省市来进行对比,它们是天津、辽宁、上海、江苏、浙江、山东、广东、广西、海南。

1. 国际旅游(外汇)收入总额及其构成

通过对比,我们发现,广东省近 3 年稳居中国旅游(外汇)收入的第 1 位,年均增长在 10%以上。天津、辽宁因为比邻首都,又地处环渤海湾经济圈,借助中国东部沿海发展第三极的机遇,近几年旅游发展非常抢眼,年均增长 20%以上,跻身全国前 10 名。江苏、浙江作为上海的两翼,2009 年之前旅游发展还较慢,2010、2011 年表现突出,年均增长接近 20%,分列全国第 3 名和第 5 名。广西和海南的排名虽然比较靠后,但其中海南已被国家列入建设国际旅游岛的重大战略,广西则由于生态环境资源保存良好,又是中国与东盟各国的重要通道(见表 4-6)。因此可以预期,这两个省份的旅游业发展后劲十足。

表 4-6　2009—2011 年中国主要沿海省市国际旅游(外汇)收入一览表

(单位:万美元)

地区	2009 年	同比增减%	2010 年	同比增减%	2011 年	同比增减%
天津	11.83	18.1	14.2	20.03	17.56	23.67
辽宁	18.56	21.62	22.59	21.72	27.13	20.09
上海	47.44	−4.58	63.41	33.66	57.51	−9.3
江苏	40.16	3.5	47.83	19.11	56.53	18.18
浙江	32.24	6.6	39.3	21.92	45.42	15.56
山东	17.65	26.9	21.55	22.08	25.51	18.36
广东	100.28	9.3	123.83	23.48	139.06	12.3
广西	6.43	6.93	8.06	25.31	10.52	30.48
海南	2.77	−11.86	3.22	16.52	3.76	16.69

数据来源:中华人民共和国商务部网站。

2. 接待入境人数的比较

在接待入境人数上,广东省具有绝对优势。以 2010 年为例,广东省当年接待入境人数 3140.93 万人,占全国接待入境总人数的 32.5%,接近 1/3。处于第二梯队的是长三角经济圈的上海、江苏、浙江三省市,分别占 7.6%、6.8% 和 7.1%。处于第三梯队的是环渤海经济圈的辽宁、天津、山东三省市,分别占 3.7%、1.7% 和 3.8%(见图 4-6)。总体来说,处于第二、第三梯队的沿海各省市与广东的差距还较大,但应该看到,随着国家宏观政策的倾斜和沿海开发逐步进入国家战略,长三角经济圈和环渤海经济圈的旅游潜力会得到较好发挥。

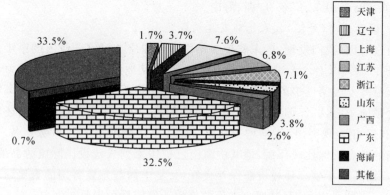

图 4-6　2010 年主要沿海省市接待入境人数的占比

数据来源:中华人民共和国商务部网站。

为更好地说明第二和第三梯队的发展潜力,我们比较了沿海省市入境人数的变化值。从表4-7中可看出,2010年上海的入境人数同比增长达到37.56%,高出广东省一倍多。显然,上海处于促进中国经济增长的第二极之中,经济发展迅速,同时通过承接国际性的赛事和会议,提高了上海的知名度,也为旅游服务的发展提供了良机。此外,同年,江苏、浙江的同比增长分别为17.37%和19.99%,均高于广东。处于第三极的辽宁同样增幅显著,达到23.4%。天津和海南,虽然排名靠后,但作为未来国家重点发展的区域,特别是海南旅游岛的建设,必将大大促进当地旅游服务的发展。

表 4-7　中国主要沿海省市接待入境人数比较

地区	2009 年(万人次)	2010 年(万人次)	同比增减%	2010 年全国排名
天津	141.02	166.07	17.76	16
辽宁	293.20	361.80	23.40	8
上海	533.38	733.72	37.56	2
江苏	556.83	653.55	17.37	4
浙江	570.64	684.71	19.99	3
山东	310.02	366.79	18.31	7
广东	2747.73	3140.93	14.31	1
广西	209.86	250.24	19.24	10
海南	55.15	66.33	20.27	25

数据来源:中华人民共和国商务部网站。

(二)中国沿海省市旅游贸易发展存在的问题

1. 旅游资源丰富,但旅游产品结构单一

中国沿海省市的旅游资源丰富,既有令人向往的自然风景,又有底蕴深厚的人文风光,既有历史悠久的古代建筑,又有现代科技打造的游乐天地。但总体来说,中国沿海省市的各旅游景点仍然缺乏拳头型旅游产品,旅游产品存在单一化、同质化趋势,主要表现在与国际旅游高层产品细分、多样、专项、灵活等方面存在较大差距,无法适应海内外旅游者多方位、多样化的需求。另外,现有的旅游资源也没有形成高效率、一体化、多方位的开发,主要表现在仍然停留于观光游览型旅游,其他满足人们多种需求的休闲娱乐体育型旅游明显不足。

2. 旅游服务水平有待进一步提高

作为中国经济改革开放的前沿阵地,沿海地区在很多方面先行先试,旅游业也不例外。然而尽管相比中部和西部地区,其旅游服务的国际化水平不断提高。但总体来说,接待入境旅游者的服务尚未达到国际标准化水平,还存在旅游卫生不达标、旅游交通晚点等现象。而旅游服务也因旅游竞争激烈而大打折扣,一些旅行社存在着低价揽客、质价不符;导游为追求灰色收入而直接索要小费、频繁带客购物,侵犯了游客的合法权益。所有这些,都严重损害了旅游者的旅游观感,影响了中国旅游的国际声誉。

3. 国际市场营销手段乏力

中国沿海省市的旅游资源数量丰富,质量也均属上乘,然而由于营销手段缺乏,导致在国际市场上的推广并不理想。主要表现为:一是投入经费不足。1995 年中国国际旅游市场推广费用仅为 350 万美元,而同年世界国际旅游市场推广费用为 20 亿美元。到 2010 年中国国际旅游市场推广费用也仅为世界的 0.8%,这与中国世界旅游大国的形象和旅游的战略性产业地位极不相称(韩絮,2011)。二是宣传力度不够、手段较为落后。在宣传拍摄方法中,常常是以风景为主,人物为辅,以静态为主,动态为辅,从而导致总体宣传效果差。三是价格模式过于呆板,旅游线路多以全包价为主,与国际流行的"基本构成＋自由选择"的模式相比价格偏高,并且游客几乎没有自由选择的余地,显得非常生硬,缺乏人性化。

(三)中国沿海省市旅游贸易发展策略

由于受金融危机和欧债危机影响,世界经济复苏乏力,国际旅游服务贸易于 2009 年出现首次下降,当年国际旅游收入 8520 亿美元,同比下降 5.7%。2010 年,随着世界经济逐步走出低谷,国际旅游业明显复苏。我国旅游业也呈现全面快速复苏态势。客观地说,这次危机也给了中国旅游业调整的时机,使中国旅游业能更清楚认识到现有不足和世界旅游业动向,从而思考如何更好地发展中国旅游业。必须承认,当前世界经济形势虽然还不明朗,但中国旅游业必将经历一次重要变革,目前形势还是乐观的。

在国际方面,随着加入 WTO 过渡期的结束,中国正在逐步放宽对外资进入旅游业的限制以及投资流向的管理,沿海省市的旅游业必将迎来更好的发展机遇,也将面临国际旅游资本的冲击。目前,中国已经确立旅游业为战略性支柱产业,可以预见沿海省市将大力打造自己的旅游优势。比如上海已在都市旅游、会展旅游上独树一帜,浙江在国外市场打出自然山水度假牌,这都表明在日益激烈的竞争状态下,沿海省市的旅游服务必须要打造自身的特色。原有的旅游发展模式、营销手段、宣传手法等已经不能再吸引游客了,必须要有新方法、新点子。因此,沿海省市作为中国旅游服务贸易发展的前沿阵地,应有危机感,及时转变观念,因地制宜地做出调整,更好地发展本地旅游服务贸易。

1. 转变观念,提升旅游服务贸易的要素层次

旅游服务贸易的要素主要是指以自然人文旅游资源、劳动力资源、旅游投

入资本、旅游行业管理等为基础的要素。因此,旅游贸易不仅需要低层次的资源,更需要高层次的资源,如人力资本、管理、技术等,这些资源在很大程度上决定了旅游资源和产品开发的层次高低。

现阶段,中国沿海省市的入境旅游多以观光型旅游为主,其局限性也是显而易见。首先,这类产品基本上是一次购买,很少重复购买。其次,对于旅游区来说,其收入主要依靠门票,收入来源单一。这也是国内大多数旅游区不断提价的一个原因。

必须看到,世界旅游趋势发生了明显变化,观光旅游比重下降,取而代之的是主题独特、集中的线路和参与式产品。对于这种变化,中国旅游业必须要给予足够重视,因为这是未来旅游业发展的方向。鉴于这些变化,中国旅游业要将依赖传统资源转向依赖要素创新、技术创新和管理创新,不断开发出适应旅游者需求变化趋势的有层次、有创新的旅游产品。

2. 引导产业融合,扩大旅游业发展领域

产业融合是现代产业发展的重要特征。旅游业综合性强、关联度高,随着其外延的不断拓展、内涵的不断丰富,旅游产业与第一、二、三产业融合发展的进程在不断加快。

无论是与农、林、牧、副、渔大农业发展结合而衍生的农业旅游、乡村旅游,还是与工业发展结合而延伸出的工业旅游,以及与服务业发展结合而派生的文化旅游、体育旅游、旅游地产业、旅游金融业、旅游信息业等,都将扩大旅游业发展空间(邵琪伟,2010)。中国沿海省市应看到旅游新业态的出现所带来的新机遇,适当推进旅游与相关产业融合发展,扩大旅游业发展领域。

3. 营造与培育良好的旅游交易环境

首先,要转变旅游服务贸易的发展理念。中国旅游业取得了长足发展,但入境旅游的快速发展也带来了负面影响,如自然环境恶化、基础设施不足等。因此要转变过去旅游业"单向驱动"的发展模式,转向"双向驱动"的发展模式。同时,加快立法,保护旅游者和旅游经营者合法权益,促进旅游服务贸易的自由化进程。

其次,要改善旅游投融资环境。国际旅游投资作为旅游服务贸易发展的重要形式,本质上是一种要素的流动,旅游服务贸易自由化内在地要求资本的自由流动。随着中国加入WTO过渡期的结束,国际资本进入中国旅游业是必然的,而且会首先从沿海地区开始进行投资。因此,沿海省市需要打破社会资金进入旅游业的一些壁垒,建立适应市场机制的投融资平台,创造有利于公平竞争的政策环境,以共同推动旅游业的市场化进程。

4. 优化旅游产品结构,打造具有特色的旅游产品

为了适应国际游客多元分层的需求特点,沿海省市应对现有的旅游产品从

整体上进行优化。一是调整与优化旅游产品结构,加快发展非观光旅游产品,如商务会议旅游、体育旅游、娱乐休闲旅游等。二是增加体验型的旅游产品项目,提高游客的参与度。鉴于目前体验经济的兴起,可重新塑造旅游产品形象与内涵。三是提升旅游产品层次,即将初级化、低层次的旅游产品进行"深加工",提升其消费档次和品位。

同时,为避免类同,沿海各省市可挖掘、开发本省市独具特色的旅游产品,只有这样才能产生足够的吸引力,形成品牌效应,这也是立足于国际旅游市场的根本出发点。

5. 组建品牌旅游集团,推进跨国经营步伐

沿海省市的旅游企业虽有一定发展,但整体来说,规模小、实力弱,这种状态已经成为当前制约旅游业发展的瓶颈之一。因此,建议旅游企业应学习借鉴国外旅游企业资本运作的经验,通过并购、参股、控股、租赁等方式组建大型品牌旅游集团,优化资源配置。

在经济全球化背景下,一些具备资金、市场条件的旅游企业应主动走跨国经营的道路。通过跨国经营,一方面,可更便利地在客源地直接进行入境旅游的宣传和推广工作;另一方面,可争取我国公民的出境游市场,在境外为其提供旅游服务,形成"影子经济",以减少旅游外汇漏损。

6. 加大对优秀旅游业人力资源的储备

中国现有的旅游业从业人员整体学历水平并不高,劳动力成本较低。随着中国薪酬水平的普遍提高,传统的劳动力比较优势正在被周边发展中国家所威胁。因此,必须适应这种国际贸易发展的现实,加强对旅游业中高端人力资源的培养和储备。

三、海洋旅游贸易业态研究

(一)海洋旅游概述

1. 海洋旅游的概念

海洋旅游是以海洋为旅游对象或旅游媒介的现象和关系的总和。从狭义上讲,海洋旅游就是指以海洋自然资源为主的观光旅游;从广义上讲,海洋旅游包括海洋观光、海洋体育、海洋文化、海洋科技、海洋美食、海洋度假、海洋开发等各种内容,内涵外延极为丰富。

《联合国 21 世纪议程》中指出:"海洋是全球生命支持系统中的一个基本组成部分,也是一种有助于可持续发展的宝贵财富。"在陆域资源日益短缺的今天,海洋对人类的生存具有十分重要的意义。海洋学家们预言,21 世纪是"海洋

世纪"。海洋产业将成为国际竞争和开发的重点领域。作为海洋产业中的重要组成部分,海洋旅游业也越来越受到世界各国的重视,已成为沿海国家竞相发展的重点产业,与海洋石油、海洋工程并列为海洋经济的三大新兴产业。

我国是一个海洋大国,随着海洋经济上升为国家战略和旅游业的飞速发展,海洋已经成为我国除山水风光旅游资源和人文旅游资源之外的又一重要旅游资源类型。21 世纪的现代旅游者更向往的是能彰显个性、挑战自我的特色旅游产品、体验性旅游项目,而海洋旅游资源由于其自身的独特性而成为现代旅游者追逐的焦点之一,这使得与"海"有关的特色旅游项目开发将成为 21 世纪休闲旅游发展的一大新热点,同时也预示着 21 世纪以海洋生态旅游为主题的旅游时代的到来。

我国的海洋旅游经过多年发展,现已初具规模,北方以大连、上海为中心,南方以广州为中心,重要的海洋旅游基地有大连、秦皇岛、烟台、威海、青岛、连云港、上海、厦门、汕头、广州、湛江、北海、三亚、香港、澳门等。其中海南的三亚开发海洋旅游有得天独厚的优势,大东海、亚龙湾、天涯海角,不仅风景秀丽、气候宜人,而且有美丽、精彩的珊瑚礁海底景观,潜水条件也堪称世界一流,可与塞班岛、大堡礁等世界著名潜水胜地相媲美。

2. 海洋旅游的特点

与陆地旅游相比,海洋旅游具有如下显著特点。

海洋环境是可再生旅游资源。海洋的自身净化能力突出,明显高于陆地旅游的山河、湖泊等。尽管如此,但要确保海洋旅游资源不断再生、永续利用,必然要树立合理适度的游客量、注重环保的旅游理念。

海洋旅游具有单一性、脆弱性。海洋旅游离不开岛屿的开发与利用,而岛屿具有相对封闭性和独立性,这就决定了海洋旅游发展易于趋向单一性。正因为如此,海洋旅游开发应本着最大限度保护资源的原则,实现旅游开发与其原生态状态的有机结合。

海洋旅游具有综合性特点。海洋自然旅游资源中包含很多文化元素,如宗教文化、历史传说、建筑、海战遗迹、民风民俗等,同时又使得海洋文化旅游资源也成为海洋自然景观的灵魂。这一特点是海洋旅游资源的核心吸引,也是海洋旅游区开发应着重突出的方面。

海洋旅游具有高度的参与性。凭借海洋旅游资源提供的众多活动,如海水浴、海上运动、海底探奇、远洋航行等都具有高度的参与性特点,游客不仅能身临其境,而且具有刺激性和挑战性,能激发游客的兴趣。

海洋旅游对旅游设施和服务的要求极高。由于海洋旅游的风险性高于陆地旅游,所以需要对海洋旅游进行长期规划,提供完善的旅游基础设施和服务,

海洋经济战略（下） 服务贸易发展研究

才能既保障游客人身安全，又满足游客需求，凸显海洋旅游自身特色。

3. 海洋旅游开发的主要内容

海洋旅游资源及开发。在资源分类方面，多数学者认同以2003年颁布的国家标准为依据，从自然和人文两方面进行细化。陈娟（2003）较为系统全面地将海洋旅游资源分为两大类：一类是海洋自然资源，包括海洋地貌、海洋气象、海洋水体、海洋生物；另一类是海洋人文旅游资源，包括海洋古遗迹、古建筑、海洋城市、海洋宗教信仰、海洋民风民俗、海洋文学艺术、海洋科学知识（见表4-8）。

表 4-8　海洋旅游资源分类

分　类	具　体　内　容
海洋自然旅游资源	海洋其他物产；海洋生物；海洋地貌（包括海岸地貌旅游资源、大陆架地貌旅游资源、海岛屿旅游资源、深海与大洋底地貌旅游资源）；海洋水体；海洋气候气象
海洋人文旅游资源	海洋古建筑；海洋古遗迹；海洋宗教信仰；海洋城市；海洋民风民俗；海洋文学艺术；海洋科学知识

海洋旅游产品开发。周国忠（2006）将海洋旅游产品的开发分为海洋亲水活动、滨海观光度假、海洋文化体验、海洋主题活动、创造性海洋旅游产品、海洋旅游外延产品六大类及20个小类（见表4-9）。随着海洋旅游的进一步发展，海洋旅游产品的深层次开发成为关注的重点，并出现了许多新的旅游项目，如邮轮旅游、游艇旅游、海洋休闲渔业等。

表 4-9　海洋旅游产品分类

大　类	小　类
海洋亲水活动	海上游乐休闲、康体健身活动；海底潜水、探险；海滨浴场……
滨海观光、度假	滨海、岛屿度假；海岸、海岛、海上观览
海洋文化体验	海洋物产工艺品、纪念品、保健品、化妆品及其生产基地；海洋宗教朝拜；爱国主义教育基地；海洋科学考察；海洋影视艺术品；各种形式的渔家乐、海鲜美食……
海洋主题活动	海洋主题公园（包括各种体现海洋科普知识和海洋科技成果的海洋馆、水族馆）；海洋体育赛事；海洋节庆……
创造性海洋旅游产品	海洋影视基地；大型海洋景观；跨海大桥
海洋旅游外延产品	海洋气象景观；航海（邮轮）旅游

海洋旅游市场开发。中国海洋旅游市场已初具规模，可分为内陆客源市场和境外客源市场两大部分。近年来，随着我国国民经济的飞速发展、人民生活

· 134 ·

水平不断提高,对旅游的需求日益增大,国内旅游正以前所未有的速度发展,内陆游客成为市场的主要组成部分。境外客源市场主要是中国香港、澳门、台湾地区和日本、韩国、东南亚各国、北美以及西欧等国家或地区。

海洋旅游经济开发。海洋旅游业对海洋经济的贡献已经得到社会的普遍认可,许多沿海地方政府相继提出开发海洋旅游业以发展海洋经济。

海洋旅游文化开发。多数学者认为海洋旅游文化是以人类一般文化(包括劳作文化、休闲文化及旅游文化)为基础,以海洋自然和海洋人文为依托,作用于海洋旅游生活过程中的一种特殊文化形式。海洋旅游文化的发展需要旅游学界和业界的共同关注。

海洋旅游环境开发。旅游环境包括自然环境和人文环境,目前的研究多集中于自然环境,主要包括海洋旅游开发的环境影响与保护、海洋旅游环境容量测算、海洋环境承载力评价等。从研究对象看,以海滨浴场为主,少量涉及海滨风景区和海岛。

海洋旅游管理研究。海洋旅游管理,是针对海洋旅游开发过程中出现的各种问题对海洋旅游资源、生态和环境的开发和保护进行的管理,通常是海岸带管理的部分。对旅游管理部门来说,海洋旅游的主要管理领域为旅游设施的发展规划(尤其是旅游胜地、宾馆和其他主要的建筑规划)、选址和建筑物设计、能源管理、水的供应、废物处理系统、设施维护和经营、旅游文化的效应和对传统文化的影响。

海岛旅游开发。海岛作为一个独特的地理单元,旅游资源丰富,发展前景广阔。目前有关海岛旅游的开发,主要涉及海岛旅游资源状况、海岛旅游开发战略与对策、海岛旅游的环境影响及保护、海岛旅游环境容量、海岛居民的旅游感知、海岛旅游可持续发展、海岛旅游安全管理、无居民海岛的旅游开发等方面。

(二)海洋旅游的新业态

现阶段,海洋旅游业除保留原有传统旅游业态,并在此基础上经过产业间不断发展、演变、整合、创新,逐渐形成新的旅游业态。

1. 海洋休闲度假旅游

海洋休闲度假旅游(vacation tour)是指利用假日外出以度假休闲为主要目的和内容,进行使精神和身体放松的康体休闲活动。在欧美等发达国家,早期的度假旅游一般都在海滨和温泉地开展,往往带有保健和治疗目的。主要分为以下业态。

滨海渔村度假养生。这是最传统的度假活动之一,至今仍然是大众度假消闲的主要方式。它往往贯穿于各种海洋旅游活动中,与其他形式的海洋旅游活动融合在一起。比如找一处滨海小镇或一处风景优美的渔村，或前往某一海中岛屿小住几天，相对于陆上都市人来说，那里肯定是另一度空间：清新的空气是都市日常生活中少有的，闲适的心情也是挣脱了激烈竞争的现代生活后所赋予的；原生态的环境和慢节奏的生活方式是与众不同的，异质文化内涵或异域生活景象也是日常所不多见的。滨海或渔村度假的内容十分丰富，可以有体验感受类的，如随渔船出海捕鱼、海滩拾贝、涉水采集等；也可以开展游览观赏活动，如海上观岛、海岛观海、空中览海、海上游览、海岛游览、海底游览等；还可以进行各种垂钓、游泳、沙滩休闲体育运动、沙滩日光浴和沙浴、驾船划艇等，或者进行一些购物餐馆活动等，其具体项目内容也十分丰富。

海水浴、海水游泳。海水是一种含有多种矿物质的冷泉水，其温度接近于凉水或冷水。当海水接触身体时，便会使体温明显下降，皮肤血管收缩，脉搏跳动有力，神经系统进入兴奋状态。与此同时，海水中所含有的多种无机盐及微量元素，也像氯化钠泉、碘泉一样，对身体有医疗保健作用。另外，在海水中沐浴、游泳，对人体皮肤功能、呼吸机能和肺活量的提高都十分有利。海滩和大海上温差较小，阳光充足，空气洁净，海风又具有一定的刺激作用，加之游泳本身又是一种全身性运动，可以提高心肺功能，故在大海中游泳沐浴对改善大脑及全身的供氧、提高供血量功效显著。

泥疗。早在古希腊时代，崇尚自然的人们就开始以泥为浴了。泥疗，是将含有对人体有益的矿物质泥抹于身体之上或者将整个身体浸浴泥液之中，以达到治疗和缓解症状的作用。这种疗法在我国古代医学中早有记载，如东晋葛洪的《肘后备急方》、唐代孙思邈的《千金方》等，都有泥疗的记载。随着医学的发展，泥疗的应用范围也在不断扩大，方法也在不断改进。目前，我国的许多有着优质泥涂的滨海地区都纷纷开展泥疗项目。如浙江舟山的秀山岛兴建了全国第一座泥主题公园，其中的泥疗项目就是该公园的主打产品。

2. 新型的海上休闲度假活动

新型的海上休闲活动是基于现代工业技术发展，尤其是船舶工业发达后的产物，工业革命的结果是将海洋旅游休闲活动空间从滨海和岛屿扩展到真正的海上，充分体现出亲水性特征。游艇邮轮的出现，又将海陆连接为一体，极大地拓展了活动空间、丰富了海洋休闲活动的方式。

(1)游艇。游艇旅游是目前海洋旅游业中增长最快的一个门类。自1990年以来，全球游艇旅游人次年平均增长8%，接近世界旅游业平均增长速度的两倍。游艇运动发源于17世纪英国贵族阶层，在中国经历1995年、2002年的两次阶段性舆论热潮后，因被视为"奢侈运动"而未发展起来，直到2006年游艇运动再次升温，并呈现出平民化的发展趋势而受到追捧，有关专家把游艇运动誉为"回归到休闲健身运动方式的本质,是中国游艇消费经济'最好时代'到来的有力信号"。按照国际经验,当地区人均 GDP 达到 3000 美元时,游艇经济开始萌芽。目前,我国沿海已有多个城市达到发展游艇经济的这一临界点。

游艇可以开展观光、考察、探险等旅游活动,若与海岸上的旅游资源相结合,还可以形成海陆联动的空间开发模式,形成新的旅游节点。比如,游艇海上观光旅游,立足海洋,真正体现"亲水性"特征,在游艇上观浪听潮可以让游人看到比岸上更壮观的景象,体验搏击大海的乐趣,提升旅游体验的层次。游艇海钓活动可以让海钓从浅场深入到 50 米水深的深场中进行。海钓活动是一种高端的海洋休闲旅游产品,其作业方式很多,然而不管哪种钓法,尤其是以海岛岩礁作为钓场的海钓活动,专门的海钓船艇配备是必不可少的。游艇休闲服务的发展空间很大,现有的陆地上的休闲项目都可以转移到海上,这样会产生意想不到的效果,使休闲活动提升到更精致的层面。基于游艇还可以开展各种海上运动,譬如海上射击、海上高尔夫等。

(2)邮轮。邮轮或游轮(cruise ship),过去是指洲际间或水上长距离间传送邮件,通常委托航行在固定航线上的大型客船承运,这类大型客船被称为邮轮。随着航空技术的发展,飞机逐渐成为洲际和远距离水上航行的主要交通工具,邮轮逐渐退出邮递市场变为以休闲旅游为业务的游轮。游轮旅游是指以愉悦为目的,在水上旅行,通常停靠若干港口的一种旅游方式。

虽然 1912 年"泰坦尼克"号的首航让世界留下了痛苦的记忆,但也昭示了海上游览度假活动的广阔前景。今天的巨型邮轮,不仅船体坚固,造型漂亮,结构复杂,乘坐起来也十分舒适,仿佛是一座漂浮在海上的城市一般。

人类第一次邮轮航行是 1844 年半岛和东方蒸汽航运公司组织的从英国到西班牙、葡萄牙再到马来西亚和中国的航行。现代邮轮产业始于 20 世纪 70 年代早期组建的嘉年华环球游船航运公司。由于邮轮旅游带给人们的体验和经历远远超过他们的期望,因此有更多的人加入到邮轮旅游中来。自 1980 年以来,全球邮轮旅游一直以年均 7.6% 以上的速度增长,远远高于国际旅游业的整体发展速度。20 世纪 70 年代,全球邮轮旅客约 50 万人次,2010 年达到 1880 万人次。根据全球权威邮轮机构与组织(PSA、CLIA、ECC)预测,2015 年、2020 年世界邮轮旅游者将达到 2500 万、3000 万人次(程爵浩、崔园园,2012)。现时亚太地区的 35 亿人口中,只有 0.05% 的人会选择享受邮轮假期,而北美洲的 3.3 亿人口中有 3.2%,欧洲的 5 亿人口中则有 1%,这些数字反映出亚太地区邮轮业的巨大发展潜力。

中国邮轮始于 20 世纪 70 年代。1976 年 9 月日本国际邮轮"珊瑚公主号"首次停靠大连港,访问中国沿海港口的国际邮轮数量逐年上升。近年来,中国邮轮市场的发展势头迅猛,邮轮接待规模逐年攀升,邮轮产业已步入"到港服务与公民出境服务并举"阶段。目前中国已有上海、宁波、天津、大连、青岛、广州、汕头、厦门、三亚、海口等16个城市接待过国际豪华邮轮停靠。据中国交通运输协会邮轮游艇分会(CCYIA)的统计数据显示,2010年中国大陆全年共接待国际邮轮223艘次,同比增长42.9%。其中以我国沿海城市为出发港的国际邮轮客班轮全年95个艘次,与上年同比增长18.75%。2011年中国大陆全年共接待国际邮轮262艘次,同比增长17.5%,接待邮轮出入境游客504582人次。其中我国沿海城市出发的国际邮轮,全年142艘次,与上一年同比增长49.5%。

应该说,邮轮旅游作为休闲度假与观光旅游的一种新兴结合,在北美等经济发达地区经过几十年的产业发展,已经成为一个庞大且成熟的产业,而现代游轮业作为休闲度假方式在中国直到最近几年才开始受到人们的关注,应该说正处于起步发展阶段。

现阶段,许多沿海城市都把邮轮经济作为当地经济及旅游业发展的契机。以下列举几个重要沿海城市邮轮经济的发展现状与目标。

上海:根据上海邮轮旅游发展规划,到"十二五"规划期末,上海要成为继新加坡、中国香港之后,亚洲地区一流的国际邮轮枢纽港。世界三大邮轮集团——皇家加勒比、嘉年华和丽星邮轮均在上海设立分支机构和企业,开辟了多条以上海为母港的区域邮轮旅游航线。上海港吴淞口国际邮轮港、上海港国际客运中心、外高桥海通码头已初步形成了一港两地多点发展的邮轮母港形态布局,可同时停靠5~8艘豪华邮轮,年通过能力超过150万人次,成为上海建设国际航运中心和世界著名旅游城市的重要组成部分。

天津:借助国际邮轮巨头的战略布局东移,天津的邮轮产业欣欣向荣。与其他城市相比,天津地缘优势独特,比邻首都北京,地处环渤海中心,所处京津冀地区既是中国政治、文化的中心区域,也是全国经济较发达地区,同时还是国际游客访华的热点地区,发展邮轮产业具备区域经济发展水平高、周边旅游资源丰富、海陆空交通便捷、港口基础设施完善等四大优势。目前天津国际邮轮母港覆盖的主要航线包括韩国济州岛、釜山和日本鹿儿岛、福冈、长崎等众多港口城市。在此基础上,天津港将打造亚洲最大、中国北方最强国际邮轮母港。

青岛:青岛凭借得天独厚的海洋优势,正计划建设邮轮母港,以此作为蓝色旅游业发展的契机。根据计划,邮轮母港将于2013年年底建成,将新增3个大型泊位,配合现有的3个泊位,真正成为一个海洋客运中心。

厦门:由于邮轮在厦门刚刚起步,加上邮轮航线没有特色,通关手续繁琐,厦门的邮轮经济还需要更大的突破。现阶段,厦门已向交通部等积极申请国际邮轮两岸直航试点口岸,争取获得"先行先试"的政策。可以预期如果能将台湾地区编入厦门邮轮航线,则厦门可以凭借台湾当地旅游资源丰富和航程短这两大优势而大展身手。

三亚:随着海南建设国际旅游岛上升为国家战略,三亚的经济结构逐渐转型,为三亚游艇产业发展带来了难得的历史机遇,游艇产业已经成为三亚经济增长的新亮点。根据《三亚市游艇产业及游艇码头布局规划》,三亚力争5年打造中国最佳,10年力争亚洲领先,20年跻身世界一流,在2020年左右规划建设6000～8000个游艇泊位。

(3)海洋旅游文化艺术业

旅游与文化艺术的结合,在国外发展较早,其兴起和发展大致经历了小型流动式的文艺表演、户外游乐场所、游乐园和大型主题公园四个发展阶段。1955年美国在洛杉矶建立起第一个现代意义上的主题公园"迪斯尼乐园",使得以主题公园为代表的旅游文化娱乐业在世界各地得到广泛发展。

同发达国家相比,中国旅游文化娱乐业起步较晚,但发展速度较快。经过几十年的发展,中国内地已经有了一批初具规模的游乐园、主题公园。随着中国旅游业入世承诺过渡期的结束,多元化的投资主体纷纷进入国内旅游市场,带来国外先进的旅游理念以及灵活多样的经营管理模式,使得游乐项目的更新换代和发展速度大大加快。与此同时,海洋旅游文化娱乐业在沿海省市也得到了一些发展,主要形式有几下几种。

普陀山宗教旅游:佛教文化旅游是文化旅游中的一种,是指以佛教文化旅游资源为载体的一种高层次的旅游活动,它包括佛教徒的求法、参学、朝圣、现代各国佛教团体之间的交流,还包括非佛教徒以佛教文化载体为对象的求知、研究、审美等旅游。

普陀山的观音文化,源远流长,内容丰富多彩,使得当地宗教旅游特色极为突出。将宗教旅游作为一种对寺院、道观古建筑的"观光旅游"来发展,处于一种物质性的开发层次上,同时表现出过多的商业化成分。而宗教能启迪智慧、唤起道德、重塑人生价值等功能却几乎没有被挖掘开发,没有展示出其精神层次的价值来。如普陀山的佛教修学旅游正在兴起,它可以提高修行者的佛学修养与素质、弘扬和发展观音文化。

同时,佛教休养、疗养旅游也是一种新兴业态。普陀山冬暖夏凉,空气清新,为久盛不衰的修养旅游胜地。在休养者自愿的情况下,由僧侣指导学习佛家的气功和武术,使现代休养旅游活动与佛家功夫结合,修身养性,为旅游者增加趣味。这种宗教休养、疗养旅游是当前世界范围内颇为流行的康体休闲旅游的组成部分,属康体养生内容,相信定会大有前景。

开渔节:中国沿海地区为了节约渔业资源,同时也为了促进当地旅游业的发展而诞生的一种文化搭台唱戏的节日庆典活动。中国多个地区有类似的节目,比如象山开渔节、舟山开渔节、江川开渔节等。较为著名的是象山开渔节,也称为中国开渔节、石浦开渔节。象山开渔节自 1998 年首次开办以来,名声日长,开渔节已成为该县一张靓丽的名片,现为全国著名节庆之一。开渔节的主要内容有千家万户挂渔灯、千舟竞发仪式、文艺晚会专场、海岛旅游、特色产品展销、地方民间文艺演出等活动。

沙雕节:沙雕,就是利用堆起来的沙子来雕刻,将沙堆雕刻成为艺术品。沙雕艺术起源于美国,20 世纪 80 年代发展成为一门现代艺术。它是一项融雕塑、文化、绘画、建筑、体育、娱乐于一体的当代国际前沿边缘艺术,具有独特的震撼性、真实性、参与性、时限性等特点,现已成为一种全新的、极具吸引力的特色旅游景点形式,受到全世界游客的喜爱。

目前著名的沙雕节包括美国佛罗里达州 MVERS、波士顿国际沙雕节、德国沙雕节、意大利威尼斯 JESOLS 沙雕节、中国舟山国际沙雕节、上海松江国际沙雕节等。

1999 年举办的首届中国舟山国际沙雕节开创了我国沙雕艺术和沙雕旅游活动的先河,也是从那时候起,舟山逐渐走出了传统的旅游资源开发模式,在思想观念上有了新的突破。自举办沙雕节以来,每年都有数十万游客前去朱家尖观摩沙雕作品、品味沙雕文化、领略海岛风情。目前,舟山国际沙雕节已被国家旅游局列为重要推介旅游活动,成为浙江省名品旅游节庆活动,并被列入全国节庆五十强。

国际观潮节:较为著名的是中国国际钱江观潮节。节日期间以观赏天下奇观——海宁潮为主要内容,开展观潮、祭潮及各种游园活动。开幕式一般于农历八月十六日上午在盐官钟鼓楼广场举行,用民族歌舞表演形式再现海宁“潮文化”风采。除此之外,在海宁盐官还举行春季、夏季观潮节等活动。同时,推出高空花样跳伞、动力伞表演、江南文化美食节、民俗风情表演等系列活动,吸引了来自美国、英国、意大利、日本、沙特等 15 个国家和地区的众多游客,使海宁观潮节成为一个国际性的盛会。

(3)海洋影视旅游业

影视旅游的正式开端在 1963 年,其标志是好莱坞环球影视城的建成。最初好莱坞环球影视城只是一个影视拍摄场所,后逐渐演变成参观游览地。目前,全球的几个重要环球影视城周围都设有旅馆、网球场、游泳池、高尔夫球场、餐厅、购物中心等,这些场所可以同时容纳大量游客。同时,世界影响最大的国际性电影节,如柏林电影节、戛纳电影节和威尼斯电影节,在这些电影节期间举办地区也吸引了成千上万的游客。

目前,国内知名的影视基地有无锡中视影视基地、浙江横店影视城、广东南海影视城、山东威海影视城、河北涿州影视城等,这些都推动了影视旅游进一步发展。其中,把海洋旅游与影视结合起来的影视基地有象山影视城和舟山桃花岛影视城。象山影视城坐落于浙江象山县大塘港生态旅游区,以灵岩山为大背景,巧妙结合了当地的山、岩、洞、水、林等自然景观,先后获得"全国影视指定拍摄基地","长三角双休日旅游休闲热点景区"。舟山桃花岛射雕影视城,素有"海岛植物园"美称,丰富的自然景观、人文景观和神话传说有机融合,形成桃花岛风景名胜区六大景区,组合成武侠、佛教、道教文化三条旅游专线。

3. 海洋专项旅游活动

海洋专项旅游活动(specific tour)是为社会、经济、文化、科研、修学、宗教、保健等某一专业目的而进行的旅游活动。特种旅游主要类型有非赛事体育运动类、海洋探险类和考察观察类、滑水、帆板、皮筏艇、摩托艇冲浪、海上跳伞、海上垂钓等非赛事体育运动,观鸟、观蛇等海洋科考活动,潜艇海底观光、潜水观海底生物、海上极限运动、海上拓展训练等都是近几年较流行的新型海洋专项旅游活动。

(1)休闲潜水

潜水是融游泳和潜水、水下观赏、娱乐及旅游为一体的综合性体育运动项目。早在2800年前,米索不达文化全盛时期,阿兹里亚帝国的军队用羊皮袋充气,从水中攻击敌军,这也许就是潜水的老祖宗了。而今职业潜水的前身,则要算160年前英国的郭蒙贝西发明的从水上运送空气的机械潜水,也就是头盔式潜水。法国、意大利等国家早在20世纪40年代就已发展起潜水运动。那时,他们成功研制了空气潜水装置,它可以根据潜水深度和潜水者的要求,把储气瓶内的高压空气经自动供气装置进行调节后供潜水者呼吸,这类装置也是目前潜水的最佳装置。

休闲潜水是20个世纪70年代以后逐渐流行起来的一种运动。在此之前,潜水活动一直仅限于军事和工程领域。近几年来,由于潜水器材的进步和人们对海底世界的认识更加清晰,带动了潜水运动的蓬勃发展,投身于潜水和喜欢潜水运动的人越来越多。现在休闲潜水风靡全球,几乎在世界上各大海滨景点,潜水都是作为主要的旅游项目之一。休闲潜水作为一项集健康、勇敢、知识性和趣味性为一体的运动,对于解除现代人类的精神疲劳,在压力环境中调节身体组织的各项机能,延缓衰老,健身美容等方面,有着其他休闲运动方式不可替代的效果。

(2)海上拓展训练

拓展训练(outward bound)从字面上解释为船要离港招集船员的旗语,后来被人们解释为,一艘小船在暴风雨来临之际抛锚起航,义无反顾地投向未知的旅程,去迎接一次次挑战,去战胜一个个困难。

这种训练起源于第二次世界大战期间的英国。当时英国的商务船只在大西洋里屡遭德国潜艇的袭击,许多缺乏经验的年轻海员葬身海底。针对这种情况,汉思等人创办了"阿伯德威海上学校",训练年轻海员在海上的生存能力和船触礁后的生存技巧,使他们的身体和意志都得到锻炼。战争结束后,这种训练被保留下来,而且拓展训练的独特创意和训练方式逐渐被推广开来,训练对象也由最初的海员扩大到军人、学生、职员等各类群体。训练目标也由单纯的体能、生存训练扩展到心理训练、人格训练等。1995 年中国引入了拓展训练,由原北京拓展训练学校启动了拓展训练,且中国第一个拓展训练基地就诞生在新华社房山绿化基地。

四、宁波发展海洋旅游服务贸易的策略研究

(一)宁波海洋旅游服务的发展概况

宁波是著名的海洋旅游城市,海洋旅游资源丰富,海洋旅游经过几十年的发展,已经积累了一定的产业规模基础,涉海旅游景区建设成效明显,在全省范围内处于绝对领先的地位。随着浙江海洋战略上升为国家战略,宁波也出台了《宁波市旅游业发展十二五规划》,明确了海洋旅游业是旅游业发展的核心领域,表明海洋旅游开始进入到加大投入、加快建设、转型升级、提质增效的黄金机遇期。

1. 海洋旅游产品渐成规模

宁波是中国沿海城市中难得一见的港湾型城市,不仅拥有优越的天然深水良港,而且拥有将整个城市包容其中的杭州湾、象山港湾、三门湾三大港湾,形成了宁波滨海城市的独有风貌和特色,"以港兴市"已经成为宁波过去、现在和将来坚定持久的发展战略。宁波目前已建成有江东区海洋世界、杭州湾大桥农庄、杭州湾湿地公园、杭州湾海上平台、镇海招宝山文化旅游区、北仑洋沙山旅游区、北仑滨海凤凰乐园、松兰山旅游度假区、石浦渔港古城、中国渔村等一批海洋旅游区点,其中包括 6 个国家 4A 级旅游景区。截至 2010 年底,宁波海洋旅游累计完成投资达到 93.3 亿元。同时,北仑港口海上环线、花岙红岩海洋地质公园、杭州湾运动健身基地、宁海湾帆船运动基地、阳光海岸帆船基地等一大批海洋旅游项目即将进入启动和建设期,这些涉海旅游项目投资总额估计将达到几百亿元。

在保持海洋旅游产品数量扩张的同时,宁波也注重提升旅游品质,力求把

优质服务提供给游客。据国家旅游局监督管理司、中国旅游研究院发布的"2010年第三季度全国游客满意度调查报告"显示,宁波以81.98%的满意度在全国50个重点旅游城市中排名第二(舒卫英,2011),充分说明宁波提升旅游品质的努力获得了认可。

2.海洋旅游线路初具人气

为了吸引更多海内外游客到宁波旅游,旅游部门推出若干条精心设计的以海洋体验、海滨度假等为主题的旅游线路。宁波旅游围绕"江、湖、港、桥、海"做文章,以中心城区为核心、著名旅游区为节点,优化旅游线路,开辟了宁波—鄞州—象山海滨、宁波—奉化阳光海湾—宁海强蛟—象山松兰山等海岛度假游;上林湖越窑遗址中心城市唐代海运码头的"海上丝绸之路"游;杭州湾滨海湿地、杭州湾跨海大桥、海上观景平台"海天一洲"——舟山跨海大桥的大桥游;奉化溪口—阿育王寺—天童寺—普陀山的海洋佛教旅游等线路。这些旅游线路以鲜明的海洋特色吸引了数以百万计的市民和海内外游客。

3.海洋旅游市场份额不断扩大

金融危机后,宁波的旅游市场结构由优先发展入境旅游向细分市场转变。海洋旅游市场也是如此。根据海洋旅游在宁波整个旅游市场所占的比重、增长速度、发展潜力以及海洋旅游产品竞争优势等细分客源市场,重点开发了海洋佛教、滨海休闲度假之旅,国内外海洋旅游市场份额不断扩大。

4.海洋文化意识正在形成,并初见成效

宁波作为一座历史文化名城,海洋文化底蕴同样深厚。以祭海活动、妈祖崇拜等为代表的渔文化,以餐饮业、航海(运)业、造船业等为代表的海洋商业文化,以舞龙、舞狮、造趺、车灯舞等为代表的民间文艺,以象山休渔为代表的海洋保护文化,等等,这些丰富多彩的海洋文化,大大提高了宁波海洋旅游产品的影响力。2010年7月,中国国家水下文化遗产保护宁波基地暨宁波中国港口博物馆建设工程在北仑春晓滨海新区奠基,成为宁波承载"港通天下"城市文化内涵、传承港口历史、传播海洋文化的又一个重要平台。

宁波海洋旅游虽然有了较大进步,但与建设海洋旅游经济强市的目标相比,还存在较大差距和自身不足之处。一是海洋旅游经济规模仍偏小,海洋旅游市场增长的稳定性需要进一步加强。二是从海洋资源综合开发利用角度看,海洋旅游资源整合力度不够,无序开发的状态还比较普遍。三是体制机制改革创新相对滞后,缺少高规格的开放创新平台。四是海洋旅游业发展方式以粗放型为主,海洋旅游资源开发层次较低,提升的空间较大。五是海洋旅游的基础设施建设滞后,一些海岛及沿海滩涂养殖基地水、电、路等基础设施有待完善和优化。六是从产品结构和定位来看,中低档海洋旅游产品居多,国际化、高品位产品较少,新型海洋旅游产品开发较少,缺乏有个性和特色的包装和品牌策划。七是海洋旅游服务人才科技支撑不足等。

(二)宁波发展旅游服务贸易的策略

1. 转变发展方式,走可持续发展道路

在海洋旅游开发过程中,要竭力避免重蹈陆域开发覆辙,坚持科学发展观,走低碳海洋旅游发展道路,倡导低碳海洋旅游战略。在宁波海洋旅游开发中坚持"在开放中保护,在保护中开发"的原则,妥善处理海洋旅游资源开发利用与环境保护的关系,积极发展生态旅游和低碳旅游,建设环境友好型的海洋旅游发展方式,实现海洋旅游的可持续发展。

重点是开展海洋生态保护宣传,通过制定法规政策及标准,推动海洋旅游资源的有序开发、有序经营,推动消费的生态化、绿色化。可以尝试开展低碳补偿活动,主要做法是根据游客的数量,从旅游收益中拿出一部分资金作为旅游活动对旅游地"伤害"的补偿。完善和优化滨海旅游区环保设施的建设,特别要加强对旅游运输工具的改善,使用低污染水运交通工具、设备,避免对水体资源造成污染(舒卫英,2011)。

2. 推动产业融合,促进海洋旅游多元发展

正如前文阐述,产业融合是现代产业发展的重要特征。宁波应积极探索海洋旅游与相关产业融合发展的有效途径,促进海洋旅游与文化、体育、科技、生态、制造等相关产业的融合发展,积极推动"智慧旅游"在海洋旅游发展中的应用,改造提升传统海洋观光产品,培育壮大海洋休闲度假产品,增强海洋旅游促进相关产业发展的作用力,促进海洋旅游从投资拉动向消费驱动转变,从粗放型向集约型转变,形成海洋旅游的特色竞争力。

海洋旅游业与第一产业融合。结合宁波江南港城的特点,多河流、多湖泊、多岛屿,稳步推进滨海旅游小镇和滨海"美丽乡村"建设,促进海洋旅游与滨海乡村文化的结合。加强海洋旅游与农渔等产业的融合发展,积极推进休闲农渔产业发展,促进海洋旅游与海洋生态、渔业科技、民俗文化的融合发展。

海洋旅游业与第二产业融合。依托宁波港城的区位优势,积极发展港口工业观光、海洋科技企业观光和商务考察旅游。依托港口工业、海洋科技企业以及加工制造业集聚区,形成一批科技含量高、体验性强、产业链长、影响力大的滨海工业旅游区。大力培育游艇邮轮、海上游乐设施和海上导览设施等旅游装备制造业。加强海洋旅游商品的研发和生产,建设全国性的海洋旅游商品研发、制造和交易中心。

海洋旅游业与第三产业融合。宁波应以举办中国海洋投资贸易会、申办国际海洋博览会为契机,以大型国际海洋会展、重要海洋文化节事活动和海上运动赛事为平台,重点发展商务会展旅游、文化旅游、体育旅游、美食旅游、游艇邮轮旅游和置业旅游,有序发展海上高尔夫旅游、海上运动和大型海洋主题公园旅游,加快提高旅游购物和文化娱乐在海洋旅游消费中的比重。

3. 培育海洋旅游发展的创新主体,组建旅游产业集团

宁波现有的旅游企业普遍小、弱,也缺乏龙头企业。为增强宁波旅游产业竞争力,应进一步建立旅游企业在海洋旅游建设中的主体地位。一是加大国有旅游企业改革力度,促进资本化、集团化经营,提高旅游产业发展的集约化程度。在组建旅游产业集团中,充分利用资本运作,通过强强联合、并购重组、投资合作等途径,培育综合性海洋旅游集团,发挥其示范龙头企业作用。二是推进非公经济主体参与发展海洋旅游产业,支持民营旅游企业做大做强。引导非公旅游企业提高经营管理水平、研发自主知识产权,推动建立健全科学高效的市场运行机制,构建以大型企业为主导、中小企业成长性明显的良性竞争发展格局。

4. 突出特色,完善旅游产品体系

根据国际国内旅游市场发展的需要,发挥宁波港湾型海洋旅游资源和港口城市经济的区域性优势,结合宁波海洋自然资源和历史、民俗、现代文化资源,注重传统旅游产品与新兴、高端旅游产品结合,推进旅游产品提升品质,推动旅游业转型升级。

在高端旅游产品方面,宁波正在着力提升中国渔村、象山影视城、石浦渔港古城这三大文化休闲海洋旅游产品;加快建设完善松兰山旅游度假区和半边山旅游度假区这两大滨海度假产品。在新兴旅游产品方面,宁波正着力发展海洋立体交通产品,如游艇游船、水上飞机、直升机旅游和邮轮产品体系。

5. 完善基础设施,解决海洋旅游发展瓶颈

全面加强与交通、海事、港航等部门的协调合作,加快海洋旅游交通、信息网络建设,合理布局公路交通、海上交通和空中交通的换乘体系,整合岸线港口资源,开辟海上观光游览航线,建设海洋旅游立体交通网。同时做好与海洋旅游对接的交通服务体系,包括高速公路旅游服务网络。

除了海、陆、空交通配套基础设施的建设外,还要加强海洋旅游的信息化网络建设。实践证明,现代旅游业的发展离不开发达的信息网络系统。针对目前宁波海洋旅游信息网络建设滞后,特别是海岛信息网络发展较为薄弱的现状,应重点加强公共信息网络共建共享,借助宁波"智慧旅游"的建设发展,推进"二网"融合,实施数字海洋工程,尽快完善海洋信息服务系统。

6. 实施人才培养战略

海洋旅游业开发有其自身的特殊规律和要求,对人才的要求更高。宁波海

洋旅游业要实现可持续发展,必须大力培育和引进海洋旅游人才资源,提高海洋旅游产业从业人员的整体素质。首先,完善现有人才引进机制,建议把海洋旅游人才引进纳入政府的人才引进机制中,从政府层面对海洋旅游人才引进予以保障。其次,加强对现有海洋旅游人才的培训,特别是对通晓国际海洋旅游事务和经营管理的行政管理、环境监测、景观设计、市场营销及海洋旅游专业导游等人才的在职培训。

第五章 海洋技术贸易发展研究

一、技术贸易发展的国际比较

(一)国际技术贸易概述

技术贸易(Technology Transactions),是指以技术为贸易对象的国际贸易活动。它是由技术出口和技术引进两方面组成。双方不是单纯的逐笔买卖关系,而是在相当长的时间里的合作关系。技术贸易主要包括各种形式的许可证贸易,如提供工程设计、设备安装、操作和使用的交易、雇请工程顾问和管理人员以及提供技术咨询和培训工程技术人员、成套设备交易或购买与技术转让有关的机器设备及原料等。

从贸易标的来看,国际技术贸易比一般国际商品贸易复杂得多,不仅贸易标的的价值较难确定和估价,而且贸易方式种类繁多,许多还和商品贸易、投资行为交叉结合在一起。贸易的过程,除涉及经济问题外,还常与法律、技术标准、国家安全等更长远和广泛的问题有关。因此,美国哈佛大学的洛杉布尔姆认为,国际技术贸易不是简单的国际贸易行为,而是技术在新的国家环境下被获得、开发和利用的过程,是一种技术与涉外环境相互关系的体现。

技术贸易是国际间进行技术交流和交往的桥梁和纽带,是提高各国科学技术水平和发展本国经济的重要手段,是发展中国家赶上世界先进技术水平的必要途径。因此,在不同的经济发展阶段和不同制度的国家里,技术贸易都得到了高度重视。

(二)当代国际技术贸易发展的新特点

第二次世界大战后,特别是近 30 年来,随着各国科学技术的不断进步,国际贸易关系迅速发展。在生产社会化、资本国际化的推动下,技术贸易以惊人的速度在发展,已成为当前国际贸易中的一个主要内容和形式。进入新世纪后,技术贸易额更是达到前所未有的发展规模,生产要素的国际间转移在加速,从而促进了科学技术在世界范围内的普及和提高,缩短了有关国家经济现代化和科学技术现代化的进程。与此同时,其贸易格局也发生了深刻变化,呈现出一些新特点,显示出其发展的基本态势。

1. 国际技术贸易的地位不断提升

根据联合国有关资料统计,1965年,世界各国技术贸易总额仅为25亿美元,1975年为110亿美元,1985年为500亿美元,1995年为2600亿美元。1965年至1995年,国际技术贸易年均增长15%以上,大大高于同期国际商品贸易6.3%的增长率。进入新世纪后,这一数值高达5000亿美元以上。国际技术贸易在国际贸易中的比重迅速上升,由1965年的1%上升到20世纪90年代末的10%。其中,版税和许可证费用出口额2000年为845亿美元,到2011年达到2679亿美元,年均增长11.1%,远远高于同期全球服务贸易增长速度8.7%和货物贸易增长速度8.4%,其占全球服务贸易(注:本文所指服务贸易是指商业服务,不包括政府服务,下同)的比重也从2005年的5.66%上升到2010年的6.43%,增幅明显(见图5-1)。

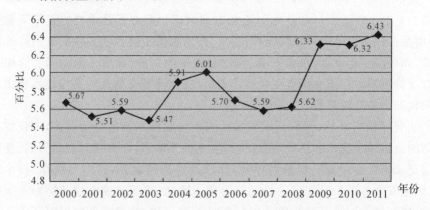

5-1　2000—2011年世界版税和许可证费用出口额占世界服务贸易出口额的比重
数据来源:WTO网站。

2. 国际技术贸易方式发生重要变化

20世纪70、80年代,国际技术贸易主要以传统方式进行,即许可证贸易、特许专营、咨询服务、技术服务与协助、承包工程等,其中后二类占绝对主导地位。但近10多年来,随着科学技术的极大发展,特别是信息技术的广泛应用,贸易方式开始走向多样化,并发生重要变革,主要表现在以下几个方面:

第一,国际技术贸易传统方式所占份额逐渐下降,一些新的交易方式如远程服务等开始出现,并逐渐成为国际技术贸易的重要形式。

第二,国际技术领域里以获取核心技术为目的的企业兼并成为国际技术贸易的一种新方式。随着以知识为基础的国际竞争的加强,当前的企业国际兼并活动主要体现在技术先进企业间的"强强联合"上,伴随着这种性质的企业兼并,必然有较多的国际技术转让或贸易存在,即此时的企业国际兼并事实上已成为了直接获取国外先进技术的特殊贸易方式。

第三,远程服务的兴起。作为一种崭新的营销理念和服务手段,远程服务借助国际网络系统,可实现及时在线咨询与服务,从而在技术贸易中发挥着越来越重要的作用。

3. 国际技术贸易结构出现新特点

国际技术贸易结构是指国际技术贸易在产品和贸易主体方面的组成,包括技术商品结构和贸易主体结构等。当代国际技术贸易的新特点可以从两个方面加以说明。

(1)技术商品结构

当代国际技术贸易在商品结构上有如下特点:

第一,国际技术贸易向"知识型"、"信息型"的软件技术倾斜,从而直接推动了国际技术贸易商品软件化的进程。据统计,2000 年全世界计算机和信息服务产业出口额为 486 亿美元,到 2011 年高达 2582 亿美元,年均增速 16.4%,其占全球服务贸易的比重也从 2000 年的 3.26%上升到 2011 年的 6.19%,几乎增长1 倍(见图 5-2)。

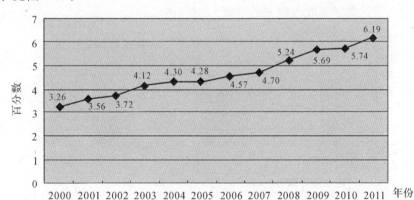

图 5-2　2000—2011 年世界计算机和信息服务出口占世界服务贸易出口的比重
数据来源:WTO 网站。

第二,高技术产品贸易占比基本持平。以电子技术、生物工程和新材料为主的高新技术产品自 20 世纪 90 年代以来逐渐成为国际技术贸易的重要对象。据统计,1990 年世界高技术产品出口额占制成品出口额的比重为 17.45%,2000 年上升到 23.09%,之后有所下降,2008 年为 17.32%(见图 5-3)。其中,高收入国家、中等收入国家、低收入国家的占比分别于 2000 年达到最高值

24.11%、19.29%和3.26%,之后,有较大幅度下降。目前,高技术产品出口所占比重基本稳定在制成品出口的六分之一,已经成为世界贸易中一个重要交易对象。

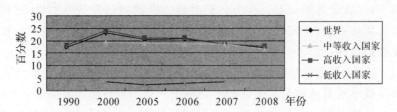

图5-3　1990—2008年高技术产品出口额占制成品出口额的比重
数据来源:WTO网站、世界银行网站。

第三,专利国际化趋势加快,专利贸易成为当代国际技术贸易构成的又一亮点。专利权是专利贸易中一种重要的贸易商品。随着专利国际化的推进,专利贸易在国际技术贸易中日趋重要。在此推动下,各国居民和非居民专利申请的数量逐年上升。2000年,世界专利申请数量为82.2万件,到2009年这一数字达到106.0万件,增长29.0%。除低收入国家的专利申请量减少一半以上,高收入国家和中等收入国家均出现正的增长,其中,中等收入国家的增幅最大,为175%,远远高于高收入国家的增幅9.7%(图5-4)。

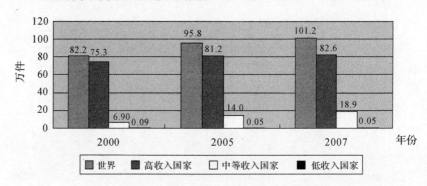

图5-4　2000—2007年世界各国居民专利申请数量
数据来源:WTO网站、世界银行网站。

第四,国际技术贸易与国际资本转移交织在一起,使得纯粹的买卖行为拓展为以技术商品为中心的复合型的国际经济技术合作。

第五,环境技术贸易逐渐兴起。目前全球气候变暖、物种消失、环境污染等已成为全球性问题,解决环境问题的技术潜力也逐渐国际化。人类对解决环境问题和实现国际环境技术合作的要求变得比以往更为迫切,使得国际环境技术贸易得以迅速发展。

（2）贸易主体结构

参与国际技术贸易的国家、组织、企业和个人越来越多，当代国际技术贸易主体结构呈现多元化的发展趋势。

第一，技术贸易主体格局呈现不平衡性，发达国家和地区一直是国际技术贸易的主要参与者和推动者。从整体上看，国际技术贸易主要是在工业发达和技术先进的国家和地区之间进行，它们之间成交的技术贸易额占世界技术贸易总额的比例在80％以上。虽然近些年来，发展中国家技术贸易发展很快，但仍然无法改变国际技术贸易中的主体不平衡状态。据统计，目前国际技术市场的80％集中在发达国家，其中，美、英、法、德、日五国作为世界主要技术贸易大国，在国际技术贸易市场中占尽优势。发达国家与发展中国家之间的交易额仅占10％左右，而发展中国家之间的交易额占比更小。发展中国家在国际技术市场上一直处于不利地位，发达国家对技术市场的垄断，技术差距的扩大，技术贸易方向的单轨性都使其劣势加剧。发展中国家不仅技术贸易额占世界技术贸易额比重很小，而且主要以技术引进为主。这种不平衡的格局，不仅影响了发展中国家科技水平的提高，也制约了国际技术贸易本身的进一步发展。

第二，跨国公司成为国际技术贸易活动中最为活跃的主体。跨国公司既是新技术的主要拥有者，又是技术国际转让的主要载体。跨国公司是新技术的主要创新者和拥有者，这主要得益于跨国公司在研究与开发领域的巨额投入。

2011年全球FDI（外商直接投资）流量达到1.5万亿美元，超过了金融危机前的平均值。2011年，跨国公司（TNCs）的绿地投资额为9040亿美元，虽比2009年、2010年有所下跌，但基本稳定。其中，跨国公司在发展中经济体和转型经济体的绿地投资仍占总额的2/3以上。除绿地投资外，跨国并购也达到5260亿美元，同比上涨53％。可见，规模和数量庞大的跨国公司群体无疑成为当今世界技术贸易的主要载体。现今，500家世界最大的跨国公司垄断和控制着世界技术贸易的90％。

第三，新型工业化国家逐渐成为国际技术贸易的重要参与者。以金砖五国为主的新型工业化国家在国际技术市场上日益活跃，其贸易额在世界技术贸易总额中的占比在不断提高。2000年，金砖五国的版税和许可证费用出口贸易额为4.28亿美元，到2010年达到20.4亿美元，年均增长速度为16.9％。其占世界版税和许可证费用出口额的比重也从2000年的0.5％，上升到2010年的0.9％，几乎增长1倍（见图5-5）。

4. 国际技术贸易的外部环境大为改善

国际技术贸易所需的外部环境涉及诸多方面，有经济、政治、法律和社会文化等因素。进入21世纪后，国际技术贸易所需的外部环境都得到了较大程度

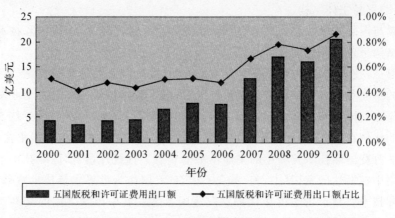

图 5-5　2000—2010 年金砖五国版税和许可证费用出口总额及占比

数据来源：WTO 网站、世界银行网站。

的改善。主要表现在以下方面。

各国技术贸易政策更加开放。越来越多的国家和地区的国际技术贸易政策比以往都要开放，如美国政府自 1993 年就开始大幅度地放宽了本国对技术出口的限制；更多的发展中国家则从过去对西方跨国公司和外资涌入持批评和反对态度转而采取欢迎和鼓励的政策，如中国 2003 年由国务院牵头联合制定的《关于进一步实施科技兴贸战略的若干意见》，鼓励技术和高技术产品进出口。

国际性、区域性技术贸易协议、法规的出台，为国际技术贸易的正常开展创造了条件。在目前世界经济一体化受阻的情况下，一批与国际技术贸易有关的国际性、区域性协议、法规和国际组织相继问世，极大地促进了国际技术贸易交易的便利性，直接加快了国际技术贸易的发展。如欧盟在其统一大市场内部基本上实现了商品、服务、人员和资金的自由流动，基本上消除了国际技术贸易中的人为障碍，使得国际技术贸易在宽松的环境中能调整发展。

（三）国际技术贸易发展的国际比较

对国际技术贸易发展进行国际比较，我们也采用前文的方法，以中国为出发点，从两个角度加以分析，一方面是与技术贸易强国的比较；另一方面是与其他金砖国家相比较。其中，技术贸易强国，我们从出口前 10 位的国家中选取。它们分别是美国、日本、加拿大、韩国、新加坡、以色列、澳大利亚、墨西哥。

1. 中国技术贸易与技术贸易强国的比较

中国技术贸易的发展相当迅速，前景良好。在技术进口方面，1950 年，中国共引进 450 个项目，总金额 37 亿美元。2000 年，国内对外签订技术引进合同 7353 项，合同总金额 181.76 亿美元，分别是 1950 年的 16.3 倍和 4.9 倍。2010 年前三季度，国内共登记技术引进合同 8103 份，合同金额 191.2 亿美元，技术引进金额稳步增长。其中,技术费 161.8 亿美元,占合同总金额的 84.6%。在技术出口方面,虽然中国起步较晚,但经过几十年的努力,发展势头令人瞩目。以高新技术出口一项为例,2010 年总金额就达到 4924 亿美元,同比增长 30.6%。

总体来说,中国技术贸易正在逐年迅速发展,在中国对外贸易中的比重不断上升,对国民经济发展的贡献也越来越大,但是与技术贸易强国相比还存在着较大差距。

(1)进出口额

2000 年,中国高新技术产品出口额占制成品出口的比重为 18.58%,加入世贸组织 10 年来,这一比重得到了极大提高,2010 年达到 28%。这充分说明,中国高新技术产业发展迅速,为中国产业结构的升级和优化做了一定贡献。与其他强国对比来看,中国的高新技术产品出口也发生了一些可喜变化,表现在以下几个方面:

一是比重已经超过世界平均水平,甚至超过日本、美国等传统的技术贸易强国,仅次于新加坡和韩国(见图 5-6)。但仍然要看到,中国整体技术水平还不高,仍需要大量引进国外的先进技术、进口先进设备来提高中国的整体竞争力。

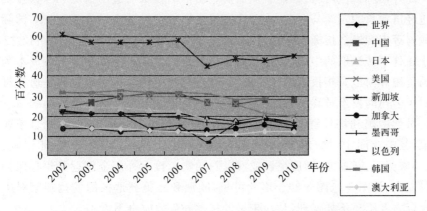

图 5-6　2002—2010 年中国高技术产品出口占制成品出口比重及与强国的比较
数据来源:世界银行网站。

二是从贸易竞争力指数 TC 来看,其国际竞争力明显提高。TC 等于出口与进口的差额除以进出口总额。TC 介于 $-1\sim1$ 之间,系数越接近 1,说明出口额远远超过进口额,该种产品在国际市场上的竞争力就越强;反之,如果 TC 越接近于 -1,则说明进口额远远大于出口额,该种产品在国际市场上的竞争力就越弱。根据计算,1002 年,中国高技术产品的 TC 为 -0.005;2003 年为 -0.004;到 2010 年该值变为正数,为 0.088;2011 年为 0.085(见表 5-1)。可以说明,中国高技术产品从不具有竞争优势到具有一定的竞争优势,从高技术产品的进口国变为出口国,竞争力在迅速提高。

表 5-1 中国高技术产品贸易竞争力指数

年 份	1992	2003	2010	2011
中国高技术产品贸易竞争力指数	−0.005	−0.0004	0.088	0.085

数据来源:世界银行网站。

(2)对外经济合作和外商直接投资

虽然对外经济合作不是直接的技术贸易,但是该合作的签订与执行,往往是资金和技术的结合,也涉及技术的流动。所以,对外经济合作的情况也可从侧面反映出中国技术贸易的概况。从中国对外经济合作的发展来看,无论是合同份数、金额还是最终完成的数量,均呈现增长的趋势。从而可以得出推论,其中完成的技术方面合作也是逐渐增加的。以对外劳务合作为例,2011 年,我国对外劳务合作派出各类劳务人员 45.2 万人,其中承包工程项下派出劳务 24.3 万人,完成营业额 1034.2 亿美元,劳务合作项下派出 20.9 万人,均较去年同期有较大增长。

此外,外商直接投资也能从侧面反映出中国技术引进的情况。因为投资是促进经济增长的三驾马车之一,外商直接投资不仅对资本形成、就业率、国际收支调整等宏观经济指标有着极大的影响,也是转移先进技术的重要路径之一。对于正处于转型期的中国而言,外商直接投资的方式正由以获取低廉成本为目的的资源导向型直接投资转变为市场导向型的直接投资,而这主要是通过母公司对子公司的技术转移实现的。

虽然中国利用外资的金额逐年上升,但来源却十分集中,主要来自于亚洲国家,其中亚洲 10 国/地区(中国香港、中国澳门、中国台湾、日本、菲律宾、泰国、马来西亚、新加坡、印度尼西亚、韩国)的实际投入外资金额近几年都保持在 90%左右(见图 5-7、图 5-8)。由此可见,欧洲和北美洲地区的发达国家对中国的投资力度明显不如亚洲,从而带来的技术外溢效应也不大。

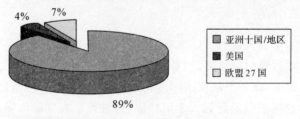

图 5-7 2010 年中国利用外商直接投资来源构成
数据来源:中华人民共和国商务部网站。

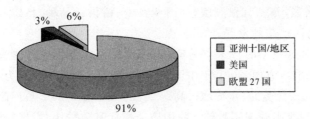

3%　6%

亚洲十国/地区
美国
欧盟 27 国

91%

图 5-8　2011 年中国利用外商直接投资来源构成

数据来源:中华人民共和国商务部网站。

（3）研发经费支出

随着中国科技兴国、科技兴贸战略的确立,研发投入逐年提高,2000 年该项支出为 895.66 亿元,到 2009 年达到 5802.11 亿元,年均增长 14.2%,超过 GDP 的增长速度。研发经费投入占 GDP 的比重从 2000 年的 0.9%,上升到 1.7%,增长 1.89 倍。但与发达国家相比较,这一比值还是偏低(见表 5-2)。从表中可以看出,以色列的研发经费支出占比最高,始终不低于 4%;日本、美国、德国、加拿大基本持平,并略有上升;韩国增加幅度较大,从 2000 年的 2.39%,上升到 2008 年的 3.36%,增长 40%。

表 5-2　中国研发经费支出占 GDP 比重及与发达国家的比较（单位:%）

国家	2000 年	2002 年	2003 年	2004 年	2005 年	2006 年	2007 年	2008 年	2009 年
中国	0.9	1.07	1.13	1.23	1.32	1.39	1.4	1.47	1.7
日本	3.04	3.17	3.2	3.17	3.32	3.4	3.44	3.45	—
美国	2.75	2.62	2.61	2.54	2.57	2.61	2.67	2.79	—
加拿大	1.91	2.04	2.04	2.07	2.05	1.97	1.91	1.84	1.95
以色列	4.45	4.59	4.32	4.26	4.41	4.43	4.8	4.66	4.27
韩国	2.39	2.4	2.49	2.68	2.79	3.01	3.21	3.36	—
德国	2.45	2.49	2.52	2.49	2.49	2.53	2.53	2.68	2.82

数据来源:世界银行网站。

（4）贸易差额

2008 年国务院发布《国家知识产权战略纲要》,其中指出,随着知识经济和经济全球化深入发展,知识产权日益成为国家发展的战略性资源和国际竞争力的核心要素,成为建设创新型国家的重要支撑和掌握发展主动权的关键。该纲要提出,到 2020 年,把我国建设成为知识产权创造、运用、保护和管理水平较高的国家,引导企业采取知识产权转让、许可、质押等方式实现知识产权的市场价值,使企业真正成为知识产权创造和运用的主体。在此目标激励下,企业的知识产权投入增多,专利、商标、版权、商业秘密、植物新品种、特定领域知识产权等方面的贸易活动蓬勃发展,欣欣向荣。

然而,纵观这几年的技术贸易项,仍是多以逆差为主。比如版税和许可证费用贸易额。出口方面,2002 年中国版税和许可证费用出口额为 1.3 亿美元,2011 年达到 8.3 亿美元,年均增长高达 22.9%(见表 5-3)。虽然距离发达国家甚远,但要看到我国的现实基础。我国该项指标基数较小,发展较晚,能达到如此高速的增长,应该说潜力较大,不容忽视。

表 5-3　中国版税与许可证费用出口额及与发达国家的比较

(单位:亿美元)

国家	2002 年	2003 年	2004 年	2005 年	2006 年	2007 年	2008 年	2009 年	2010 年	2011 年
中国	1.3	1.1	2.4	1.6	2.1	3.4	5.7	4.3	8.3	8.3
日本	104.2	122.7	157.0	176.6	201.0	232.2	256.9	216.7	266.8	290.2
美国	445.1	469.9	567.2	644.0	707.3	833.8	889	834.5	920.5	1038.0
加拿大	25.0	28.1	30.1	27.7	31.7	35.1	36.0	34.2	38.1	39.5
法国	33.4	40.7	51.3	62.4	62.3	88.5	111.3	97.4	103.9	146.3
德国	38.8	45.1	55.2	70.7	69.6	84.4	109.7	163.1	142.3	138.3
爱尔兰	2.8	2.1	3.5	7.8	9.3	11.8	14.9	16.9	22.5	25.8
韩国	8.4	13.1	18.6	19.1	20.5	17.4	23.8	32.0	31.5	43.2
新加坡	3.6	3.7	7.3	9.1	9.9	12.2	13.5	13.5	18.7	22.3
西班牙	3.7	5.3	—	—	9.4	5.3	7.9	6.6	8.8	10.3

数据来源:世界银行网站。

进口方面,2002 年中国版税和许可证费用进口额为 31.1 亿美元,2011 年达到 146.3 亿美元,年均增长 18.8%(见表 5-4)。由于中国还处于发展阶段,需要引进国外的先进技术、设备、专利等来提高中国的整体竞争力,所以每年中国的版税和许可证费用贸易均出现较大逆差。

表 5-4　中国版税与许可证费用进口额及与发达国家的比较

(单位:亿美元)

国家	2002 年	2003 年	2004 年	2005 年	2006 年	2007 年	2008 年	2009 年	2010 年	2011 年
中国	31.1	35.5	45.0	53.2	66.3	81.9	103.2	110.7	130.4	146.3
日本	110.2	110.0	136.4	146.5	155.0	166.8	183.1	168.3	187.7	191.6
美国	194.9	192.6	236.9	255.8	250.4	264.8	296.2	298.5	317.8	348.1

续表

国家	2002 年	2003 年	2004 年	2005 年	2006 年	2007 年	2008 年	2009 年	2010 年	2011 年
加拿大	44.9	56.2	65.7	69.0	69.8	82.0	86.5	81.3	86.6	92.18
法国	19.0	24.3	30.6	30.9	33.1	47.3	54.6	53.0	55.6	57.7
德国	53.1	53.3	58.5	85.0	93.3	111.9	128.5	176.3	129.2	128.6
爱尔兰	110.0	160.8	188.5	192.2	220.3	240.2	354.5	350.1	378.2	407.9
韩国	30.0	35.7	44.5	45.6	46.5	51.3	56.6	71.9	89.6	73.0
新加坡	47.9	66.4	79.2	93.4	90.0	89.6	124.7	115.8	158.6	193.9
西班牙	18.1	25.2	30.4	26.4	25.2	36.2	33.6	31.9	26.4	26.2

数据来源:世界银行网站。

贸易差额方面,美国、日本、法国、德国有正的差额,其中,美国的顺差最大,其贸易特化系数最大,2011 年达到 0.50。中国则有贸易逆差,其贸易特化系数从 2002 年的 −0.92 上升到 2011 年的 −0.89,说明虽然中国的版税和许可证费用贸易的国际竞争力很弱,但也有缓慢提升(见表 5-5)。

表 5-5　2002—2011 年中国版税和许可证费用的贸易特化系数

年份	2002	2003	2004	2005	2006	2007	2008	2009	2010	2011
中国	−0.92	−0.94	−0.90	−0.94	−0.94	−0.92	−0.90	−0.93	−0.88	−0.89

数据来源:根据 WTO 网站数据计算得出。

(5)引进技术来源

从技术引进的来源组成看,美国、日本、德国、韩国是中国技术的主要来源国。以 2009 年数据为例,这四国的技术引进占中国国外技术引进合同金额的 68.6%(见图 5-9)。然而由于发达国家对先进技术具有较强的垄断性,导致全球技术贸易格局极不平衡,发展中国家处于极大的弱势地位。以高技术产品贸易为例,美国高技术产品主要出口到欧盟、加拿大、日本、韩国等发达国家,而出口到中国、印度这样的发展中国家较少。在这种由发达国家垄断技术的情况下,中国分享到高新技术的成果并不多。同时由于中国遭受到发达国家的技术出口管制和出口歧视相当严重,无法引进国外领先的技术,致使中国在某些尖端领域,如光电技术、生物技术等,与发达国家之间的技术差距还相当明显。

必须指出的是,中国在技术领域方面的弱势正在逐步改观,但技术进口在一定时期内还是要坚持的,这对于加快中国产业结构升级和工业化进程十分重要。引进技术是为了运用,并最终促进和带动本国产业的健康、快速、良性发展,但要注意的是,不能盲目无计划地进行技术引进。与此同时,更要清醒地认

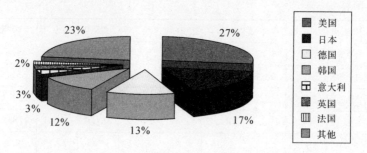

图 5-9　2009 年中国引进国外技术的来源构成

数据来源：中华人民共和国商务部网站。

识到,中国应当加强对世界贸易组织关于技术贸易规定的研究和了解,尽量减少和避免与其他国家的贸易摩擦。

2. 中国技术贸易与其他金砖国家的比较

(1)进出口额

随着中国科技兴贸战略的确立,高新技术产品的出口增长迅速。2002 年中国高新技术产品出口 692.3 亿美元,2010 年达到 4060.9 亿美元,年均增长 24.8%,大大高于印度的 20.0%、南非的 8.5%、巴西的 5.7%、俄罗斯的 1.4%。从高新技术产品出口占 GDP 的比重来看,中国的比重也有较明显的上升,从 2002 年的 24% 上升到 2010 年的 28%。印度的占比基本持平,略有上升,从 2002 年的 6% 增加到 2010 年的 7%,中间有小幅度的反复。俄罗斯和巴西的占比有较明显下降,分别从 2002 年的 19% 和 17% 下降到 2010 年的 9% 和 11%,其中俄罗斯降幅超过一半。南非的占比略有下降,从 2002 年的 5% 降到 2010 年的 4%(见图 5-10)。

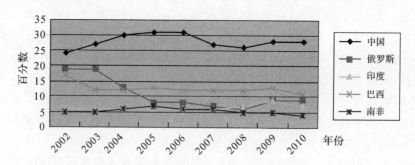

图 5-10　2002—2010 年金砖五国高新技术产品出口占 GDP 的比重

数据来源：世界银行网站。

(2)研发经费

中国的研发经费逐年上升,其在 GDP 中所占比重也高于其他金砖国家,从

2002 年的占比 1.07％上升到 2009 年的 1.7％。俄罗斯的研发经费支出占比基本持平,为 1.25％,期间有所波动。印度和巴西的研发经费占比略有增加,分别从 2002 年的 0.74％和 0.98％上升到 2009 年的 0.76％和 1.08％。南非的研发经费支出占比增长较大,达到 17％以上(见图 5-11)。

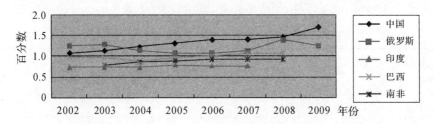

图 5-11　2002—2009 年金砖五国研发经济支出占 GDP 的比重

数据来源:世界银行网站。

(3)贸易差额

中国近几年的技术贸易多以逆差为主。以版税和许可证费用贸易额为例。中国版税和许可证费用贸易为逆差,呈逐年上升趋势。2002 年,中国逆差 29.8 亿美元,到 2011 年上升到 138.0 亿美元,扩大了 3.6 倍。同时,其他金砖国家的版税和许可证费用贸易逆差也呈逐年上升趋势。俄罗斯的逆差从 2002 年的 1.9 亿美元上升到 2011 年的 52.4 亿美元,扩大 26.5 倍。同期,印度、巴西、南非的逆差分别扩大 6 倍、1.7 倍和 3.7 倍(见图 5-12)。这也再次验证了前文所述,国际技术贸易格局中,发展中国家处于弱势地位。

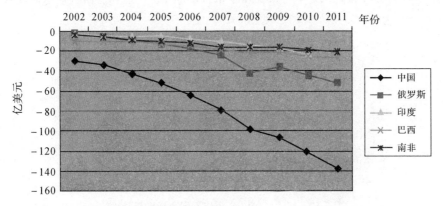

图 5-12　2002—2011 年金砖五国版税和许可证费用贸易差额比较

数据来源:世界银行网站。

(4)居民申请专利数

2002 年,中国居民申请的国际专利数量大约为 4 万件,到 2010 年达到

29.3万件,扩大6.3倍,年均增长28.3%,远远高于其他金砖国家的增长幅度。同期,俄罗斯的居民申请专利数量略有上升,从2002年的2.4万件增加到2010年的2.9万件。印度的涨幅明显,从2002年的0.3万件增加到2009年的0.7万件,扩大超过1倍。巴西则基本持平,南非增长较多,从2002年的0.1万件增加到2010年的0.9万件,但极不稳定,波动较大(见表5-6)。

表5-6 2002—2010年金砖五国居民申请的专利数比较(单位:万件)

年份 国家	2002	2003	2004	2005	2006	2007	2008	2009	2010
中国	4.0	5.7	6.6	9.3	12.2	15.3	19.5	22.9	29.3
俄罗斯	2.4	2.5	2.3	2.4	2.8	2.8	2.8	2.6	2.9
印度	0.3	0.3	0.4	0.5	0.6	0.6	0.6	0.7	—
巴西	0.3	0.4	0.4	0.4	0.4	0.4	0.4	0.4	0.3
南非	0.1	0.09	0.1	0.1	0.09	0.09	0.08	0.08	0.9

数据来源:世界银行网站。

(5)商标申请量

2002年,中国居民申请的商标数量大约为32.1万件,到2010年达到97.3万件,扩大了2倍,年均增长14.9%。无论是绝对量还是相对量,均高于其他金砖国家。同期,俄罗斯、南非的商标申请数量有小幅上升,分别从2002年的2.9万件和1.3万件到2010年的3.3万件和1.8万件。印度和巴西数量上升较快,增幅分别为52.3%和25.9%(见图5-13)。

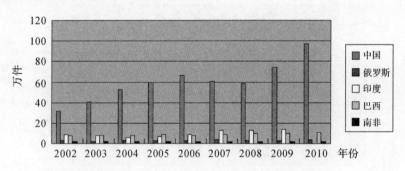

图5-13 2002—2010年金砖五国商标申请量比较

数据来源:世界银行网站。

二、中国沿海省市的技术贸易发展研究

(一)中国沿海省市的技术贸易发展概述

改革开放以来,中国的技术引进不断加快,同时也带动了技术自主研发活动。特别是加入 WTO 和科技兴贸战略的确立,中国科技研发经费投入继续保持快速增长,全社会科学研究与试验发展(R&D)经费支出不断加大,企业技术创新的主体地位进一步巩固。与此同时,技术服务贸易也获得长足发展,仅高新技术产品出口一项,2010 年金额就达到 4924 亿美元,同比增长 30.6%。

然而从全国范围来看,各省市的技术贸易发展并不均衡,沿海省市明显比中部和西部省市发展规模大,其中又以广东、江苏和上海等省份的成交金额为首。为了对比说明,我们选择了沿海地区的若干省市加以比较。它们是广东省、江苏省、上海市、山东省、天津市、福建省、浙江省、辽宁省,共 8 个省市。

1. 沿海八省市的高新技术产品出口比较

在沿海八省市中,高新技术产品出口额位居前三位的是广东、江苏和上海,其中广东省从 2010 年的 1753.5 亿美元,增加到 2011 年的 1975.3 亿美元,增幅 12.6%;江苏从 2010 年的 1258.8 亿美元,增加到 2011 年的 1294.4 亿美元,增幅 2.8%;上海从 2010 年的 841.0 亿美元,增加到 2011 年的 933.3 亿美元,增幅 11.0%。这 3 个省份的出口份额在全国中的占比之和超过 75% 以上,是国内高新技术产品出口的重要省市。当然,在高新技术产品出口中也不乏后起之秀,如天津和浙江。天津借助优越的地理位置、高新区特色园区的带动和人才优势,高新技术产业取得较快发展,已形成新的经济增长点。其高新技术产品的出口从 1997 年的 9 亿美元,增加到 2011 年的 173.5 亿美元,增长 18.3 倍,年均增长 23.5%,占比居全国第五。浙江在“高新浙江”建设的指导下,把培育发展高新技术产业作为转变经济发展方式的关键之举、科技创新的重中之重,出台了《浙江省高新技术促进条例》《浙江省科学技术进步条例》《关于加快培育和发展战略性新兴产业的实施意见》等一系列法律政策,高新技术产业发展取得了瞩目成绩。其高新技术产品出口从 2001 年的 10.7 亿美元,增加到 2011 年的 155.2 亿美元,增长 13.5 倍,年均增长 30.7%,占比居全国第六(见表 5-7)。

表 5-7　沿海八省市的高新技术产品出口比较　　(单位:亿美元)

地区	2010 年	占比(%)	2011 年	占比(%)
广东	1753.5	35.6	1975.3	36.0
江苏	1258.8	25.6	1294.4	23.6

续表

地区	2010 年	占比（%）	2011 年	占比（%）
上海	841.0	17.1	933.3	17.0
天津	149.6	3.0	173.5	3.2
浙江	147.4	3.0	155.2	2.8
山东	175.8	3.6	152	2.8
福建	131.7	2.7	137.4	2.5
辽宁	53.0	1.1	57.7	1.1
全国	4924.0	100	5487.9	100

数据来源：中华人民共和国商务部网站、《中国统计年鉴》。

2. 沿海八省市研发经费支出与研发人员的比较

在沿海八省市中，江苏和广东的研发经费支出在全国研发经费总支出的比例最高，均超过 10%。天津、山东、辽宁的研发经费的占比有所上升，山东的涨幅最大，达到 21.8%。上海的研发经费支出从 2006 年的 258.8 亿元增加到 2010 年的 481.7 亿元，涨幅达 86.1%，但在全国研发经费总支出的占比则有所下降，从 2006 年的 8.6% 下降到 2010 年的 6.8%。同样情况也存在于浙江、辽宁，虽然研发经费支出的绝对量增加了，但相对比重则减少了（见表 5-8）。

表 5-8　沿海八省市研发经费占全国研发经费总支出的比重（单位：%）

地区	2006 年	2007 年	2008 年	2009 年	2010 年
广东	10.4	10.9	10.9	11.3	11.5
江苏	11.5	11.6	12.6	12.1	12.1
上海	8.6	8.3	7.7	7.3	6.8
天津	3.2	3.1	3.4	3.1	3.3
浙江	7.5	7.6	7.5	6.9	7.0
山东	7.8	8.4	9.4	9	9.5
福建	2.2	2.2	2.2	2.3	2.4
辽宁	4.5	4.5	4.1	4.0	4.1

数据来源：中华人民共和国商务部网站、《中国统计年鉴》。

从沿海八省市 R&D 人员占全国 R&D 人员总数的比重来看，广东和江苏两省的占比增幅最大，分别从 2006 年的 9.8% 和 9.2% 增加到 2010 年的 13.5% 和 12.4%，增幅分别达到 37.8% 和 34.8%。浙江和山东的占比也有较

大提升,分别从 2006 年的 6.8% 和 6.4% 增加到 2010 年的 8.8% 和 7.5%,增幅
分别达到 29.4% 和 17.2%。天津和辽宁的研发人员总数呈上升趋势,但占比
则有一定程度的下降(见表 5-9)。可见,在科技兴国战略的指导下,沿海各省市
均加强了科技人员的投入。

表 5-9　沿海八省市 R&D 人员占全国 R&D 人员总数的比重(单位:%)

地区	2006 年	2007 年	2008 年	2009 年	2010 年
广东	9.8	11.5	12.1	12.4	13.5
江苏	9.2	9.2	9.9	11.9	12.4
上海	5.3	5.2	4.8	5.8	5.3
天津	2.5	2.6	2.5	2.3	2.3
浙江	6.8	7.5	8.1	8.1	8.8
山东	6.4	6.7	8.2	7.2	7.5
福建	2.7	2.7	3.0	2.8	3.0
辽宁	4.6	4.4	3.9	3.5	3.3

数据来源:中华人民共和国商务部网站、《中国统计年鉴》。

3. 沿海八省市地方财政科技拨款的比较

从沿海八省市地方财政科技拨款占地方财政总支出的比重来看,广东、江
苏、上海、天津的占比均呈上升趋势,其中,上海的占比最高,从 2006 年的
5.23% 增加到 2010 年的 6.12%,最高时曾达到 7.2%。相反,浙江、山东、福
建、辽宁的占比则呈下降趋势,其中,山东和福建两省竟降到全国平均线以下
(见图 5-14)。

4. 沿海八省市外商直接投资与对外投资的比较

如前文所述,外商直接投资和对外投资虽然不是直接的技术贸易,但可从
侧面反映出技术贸易的情况,所以将从这两方面进行比较。从外商直接投资总
额占全国投资总额的比重来看,江苏、广东和上海已经连续多年位居前三名。
这 3 个省市的占比之和达到 40% 以上(见图 5-15、图 5-16)。其中,天津、浙江、
山东、辽宁的外商直接投资占比基本持平,略有上升。

根据沿海省市非金融类境外直接投资总额的数据,浙江省的对外直接投资
总额最大,2011 年达到 21.1 亿美元,其中宁波为 8.6 亿美元,占浙江省的
40.7%。其次是山东,2011 年达到 20.8 亿美元,江苏为 20.0 亿美元。总的来
说,沿海八省市的对外直接投资占全国的比重超过一半(见图 5-17),在对外直
接投资中有着举足轻重的作用。

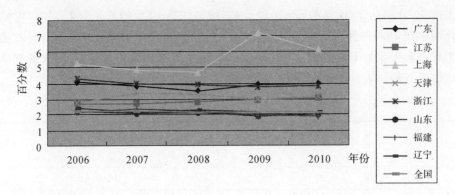

图 5-14　沿海八省市地方财政拨款占地方财政总支出的比重
数据来源：中国商务部网站、《中国统计年鉴》。

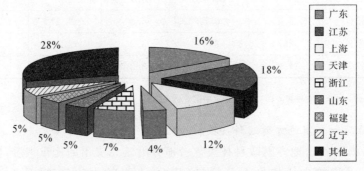

图 5-15　2009 年沿海八省市外商直接投资总额占全国的比重
数据来源：中华人民共和国商务部网站、《中国统计年鉴》。

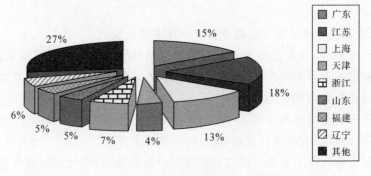

图 5-16　2010 年沿海八省市外商直接投资总额占全国的比重
数据来源：中华人民共和国商务部网站、《中国统计年鉴》。

5. 沿海八省市对外承包工程营业额的比较

根据对外承包工程营业额的相关数据,沿海八省市的对外承包工程完成营业额占全国的比重达到 56.5%,超过一半。其中,广东和山东是对外承包工程最多的省市,均超过全国的 10%。江苏和上海属于第一梯队,占比在 8%～9% 之间;天津和浙江属于第三梯队,占比在 4%～5% 之间(见图 5-18)。

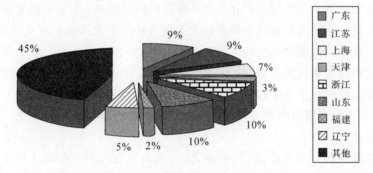

图 5-17　2011 年沿海八省市非金融类对外直接投资总额占全国的比重
数据来源:中国商务部网站、《中国统计年鉴》。

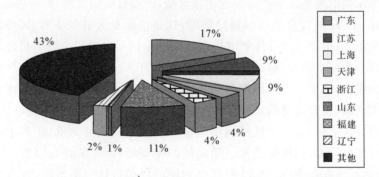

图 5-18　2011 年沿海八省市对外承包工程完成营业额占全国的比重
数据来源:中国商务部网站、《中国统计年鉴》。

(二)沿海八省市技术贸易发展环境与政策比较

1. 沿海八省市的区位环境比较

从区位因素看,沿海八省市中,辽宁、天津、山东位于环渤海经济圈,这是我国北方经济最活跃的地区,发达便捷的交通优势,雄厚的工业基础和科技教育优势,密集的城市群,欧亚大陆桥东部起点,并具有与东北亚地区进行国际开发合作的独特优势。目前环渤海经济圈的经济总量和对外贸易占到全国的 1/4,不仅是中国经济发展的新热点地区,也是世界经济发展最活跃的地区。该经济圈是继珠三角、长三角地区之后,正在形成中国经济的第三个区域经济支柱,在充分利用地域、信息、人才和政策优势的条件下将成为我国经济增长的重要一极。

具体地说，天津是中国北方最大沿海开放城市，东临渤海，北依燕山，是环渤海经济区的重要组成部分。天津有东疆保税港区。2006 年 3 月，国务院常务会议将天津完整定位为"国际港口城市、北方经济中心、生态城市"，并将"推进天津滨海新区开发开放"纳入"十一五"规划和国家战略，设立为国家综合配套改革试验区。天津滨海国际知识产权交易所是中国首家知识产权交易所。

辽宁是中国工业最集中的老工业基地，拥有漫长的海岸线。在全球生产要素东移和中国改革开放重心"北上"的趋势下，辽宁的经济地位显得越发重要。辽宁有着雄厚的工业基础，且优势产业具有产业链长、附加值大、拉动力大的特点；有着丰富的海陆自然资源和矿产资源，便捷的交通网络，优良的港口和丰富的人力资源。

山东地处长三角和京津、辽中南之间，是我国黄河中下游地区的主要出海门户，也是中国五大开放地区之一，是对外开放的重要窗口。在经济上，山东与日本、韩国、俄罗斯远东地区有很强的互补性，是环渤海经济圈的重要组成部分。山东东部沿海地区生产力要素比较活跃，产业有一定规模，经济效益较好。

江苏、上海、浙江位于长三角经济圈，这是全国最大的经济圈，其经济总量相当于全国 GDP 的 20%，且年增长率远高于全国平均水平。长三角经济圈的发展可以分为两个阶段：第一阶段是 1978－1991 年，这一时期长三角区域经济发展较为缓慢，主要处于经济调整与平缓增长阶段，经济发展中也主要利用原有的经济基础，培育自身的发展潜力，以提升经济实力。第二阶段是在 1992 年邓小平南方谈话后，长三角区域利用国家开发浦东的战略契机，凭借中央给予的一系列优惠政策，积极促进长三角地区的体制转轨，经济开始出现飞跃式发展，经济增长速度在 20 世纪 90 年代中后期已经超过珠三角地区，成为拉动全国经济增长的新亮点。

在这一经济圈里，上海是世界金融中心和世界最大城市之一，拥有中国最大的外贸港口城市和最大的工业基地。该经济圈的出口额在全国有着举足轻重的地位，对全国的出口起着很大的带动作用。特别是加入 WTO 后，每年都以 20% 以上的速度增长，是与珠江三角洲地区并行的产品出口基地。同时，世界上主要发达国家几乎都在长三角地区有自己的跨国公司，包括金融业、房地产业、轻重工业以及各类要素投入、生产资料市场投入、消费资料市场等投入和国内投资浑然一体，形成了具有世界级的基础平台。

江苏是上海最大的经济腹地、最大的协作生产基地和最大的人力资源供给基地，可承接苏南和上海的产业转移，有港口优势。连云港是亿吨大港和现代化国际物流中心,是上海和青岛之间最重要的集装箱干线大港,交通便捷。目前,江苏沿海开发已上升为国家层面,政策十分优惠。

广东、福建处于珠三角经济圈,该经济圈毗连香港和澳门特别行政区,是我国陆地上唯一与香港这一远东金融、制造业中心相联系的地区,而且珠江纵贯整个地区,水陆交通极为发达,具有相当优越的地理条件。该经济圈最早实行改革试点,也是最早建立经济特区的地区,区位优势独一无二。由于外资很早就大规模引入,奠定了该经济圈坚实的工业基础,是20世纪90年代中期以前全国经济发展的领头羊。

广东经过改革开放后30多年的快速发展,已成为闻名世界的制造业基地和跨国采购中心。在经济全球化的大背景和发展市场经济的过程中,广东着力在大珠三角、泛珠三角,进而是更广泛的中国—东盟自由贸易区加强合作与交流,推动形成更广阔的市场及资源优势互补。

福建位于台湾海峡西岸,海运交通便利,是东亚地区与南亚、西亚、非洲的最短航线,海洋资源、水资源、地热资源、沿海风能资源、矿产资源、动物资源丰富,特别是对台区位优势明显,可积极承接台湾地区的产业转移,支持两岸产业深度对接,在更高起点上加快推动本区域的科学发展。

2. 沿海八省市的政策环境比较

国家对于沿海的三个重要经济圈,针对其不同特点,在政策上给予了相应的支持。

(1)江苏、上海、浙江所处经济圈。2006年国务院公布《国家中长期科学和技术发展规划工作(2006—2020)》。2008年9月,国务院颁布《关于进一步推进长江三角洲地区改革开放和经济社会发展的指导意见》。商务部在《关于做好2008年服务贸易工作的指导意见》中指出,要"充分发挥服务贸易发达地区的示范带动作用。在基础较好、条件成熟的长三角、珠三角、环渤海地区探索建立服务贸易示范区"。2009年3月又出台《国务院关于上海加快发展现代服务业和先进制造业建设国家金融中心和国际航运中心的意见》,为上海服务贸易发展提供了良好的发展环境。2010年国务院批复《长江三角洲地区区域规划》,将把长三角地区建成"亚太地区重要的国际门户、全球重要的现代服务业和先进制造业中心、具有较强竞争力的世界城市群"。同年,又通过《江苏沿海地区发展规划》,2011年批准《浙江海洋经济示范区发展规划》,批准建设舟山海洋综合开发试验区,建设舟山群岛新区。这一系列重大举措,使长三角区域的战略地位明显提升。

以国家的政策文件为方针指导,3个省市根据各地的具体情况都制定了相应的政策,出台了相关的文件,为本地的技术贸易健康有序的发展创造了良好的条件。就纲领性政策而言,苏、沪、浙根据自身状况,都在制定出台与中央的"十二五"规划相配套的地方"十二五"规划,其中服务贸易和科技创新是规划纲要内容的重要组成部分。这些纲要为服务贸易包括技术贸易的发展,做了全局的统筹和战略性的部署。如上海 2006 年公布《上海中长期科技发展规划纲要》,2009 年出台了《上海服务贸易中长期发展规划纲要》。这些都反映了对服务贸易发展和技术创新的重视。

(2)辽宁、天津、山东所处环渤海经济圈。2004 年在国家发展和改革委员会的推动下,各地发改委代表签署《廊坊共识》。同年 5 月,由博鳌亚洲论坛发起的环渤海经济圈市场论坛上达成《北京倡议》,6 月建立省级政府层面的环渤海合作机制框架。2006 年,天津滨海新区从地方发展战略上升为国家发展战略,着重突破服务业发展瓶颈。2009 年 4 月,胡锦涛总书记视察山东时强调指出:"要大力发展海洋经济,科学开发海洋资源,培育海洋优势产业,打造山东半岛蓝色经济区。"2011 年国务院批复《山东半岛蓝色经济区发展规划》,把山东半岛的蓝色经济发展上升到国家发展战略,是区域发展从陆域延伸到海洋经济、推进陆海统筹的重大战略举措。

(3)广东、福建所处珠三角经济圈。2008 年国务院颁布《珠江三角洲地区改革发展规划纲要(2008—2020)》,鼓励用高新技术改造提升传统产业,力争推动现代服务业取得重大突破。2009 年国务院颁布《支持福建省加快建设海峡西岸经济区的若干意见》,要建设两岸经济、文化交流的重要区域,建成东部沿海地区先进制造业的重要基地。

三、海洋技术贸易业态研究

(一)当今世界海洋发展态势

20 世纪 90 年代以来,随着经济社会的发展,人与自然的矛盾越来越突出,国际社会开始普遍关注起人口、资源、环境的良性发展问题。地球三分之二的面积由海洋覆盖,而海洋的开发利用还处于起步阶段。因此,海洋问题正逐步成为一项重要的国际事务,其在全球事务中的战略地位愈加突出。

1. 对海洋重要性的认识在升华

人类正在逐渐认识到海洋是人类生存和可持续发展的重要物质基础,当然,这样的认识是一个不断深化的过程。大体可分为四个阶段:第一阶段,15 世纪以前,海洋被认为有"渔盐之利"和"舟楫之便";第二阶段,15 世纪至 20 世纪初期,随着航海技术的发展,海洋成为世界交通的重要通道;第三阶段,第一次世界大战以后至 20 世纪 80 年代,海洋是人类重要的生存空间;第四阶段,20 世纪 90 年代的世界环境和发展大会之后,人们对海洋的认识提升到新的高度,海洋是人类生命支持系统的重要组成部分,是可持续发展的宝贵财富。随着科学技术的迅猛发展,人类已经进入全面开发利用海洋的时代。海洋已成为各种生态功能、环境和自然资源的基础。

2. 加强了现代国际海洋法律制度的建设

世界海洋法的发展经历了漫长过程。1982 年通过、1994 年生效的《联合国海洋法公约》,标志着现代国际海洋法发展到了一个新阶段。《公约》几乎对人类在海上的各项活动都进行了规范,被称为现代"海洋宪章"。1994 年 11 月《公约》正式生效,我国于 1996 年 5 月批准加入,目前已有 150 多个国家和实体(欧共体)批准了该《公约》,其中包括 130 多个沿海国家,使《公约》的普遍性得到进一步加强。

《公约》主要内容有三个方面:一是对传统的基本海洋法律制度,例如,内水、领海、毗邻区、大陆架和公海等,进行了细化完善;二是制定了许多崭新的海洋法律制度,包括专属经济区、群岛国、岛屿、用于国际航行的海峡、国际海底区域等制度,极大地扩大了沿海国对海洋的管辖权;三是对海洋环境保护、海洋科学技术的发展和转让等方面事务也进行了规定。

3. 海洋竞争日益加剧

21 世纪是海洋世纪,人类要实现大规模开发利用海洋、从海洋中获得巨大利益的条件已经基本具备,世界各国纷纷制定新的海洋战略。联合国总部设立了海洋事务和海洋法办公室,在每年的联合国例行大会上,都要专门研究海洋事务。在联合国的倡导下,世界各沿海国家都纷纷调整海洋发展战略,展开了"蓝色圈地运动"。比如:美国制订了《21 世纪海洋蓝图和海洋行动计划》;加拿大出台了《海洋法》和国家海洋战略;韩国颁布了《韩国海洋 21 世纪》;欧盟发表了《海洋政策绿皮书》;日本把《联合国海洋法公约》赋予沿海国的权利当成不使用武力就能拓疆扩土的新机遇,主张的管辖海域面积为 447 万平方千米,是其陆地国土面积的 12 倍,一旦他们的主张得以实现,届时日本的国土面积将由目前世界排名的 59 位跃升到前 10 位的行列;越南制定了《2020 年海洋战略》,计划到 2020 年,海洋经济在越南 GDP 中的比重将达到 53%～55%(何培英,2010)。

大部分国家之所以把对海洋的开发利用提升到国家层面上,其原因不外乎以下几点:一方面,人类虽然在经济发展和科技进步上取得了巨大成就,但也付出了人口过度膨胀、陆地资源日渐枯竭和生态坏境不断恶化的沉重代价。面对人与自然日益激化的矛盾,人类开始反思自己的行为方式,如何在继续保持经济较快发展的情况下,寻求缓和人与自然关系的途径。而地球上只有海洋才可能为人类提供新世纪发展所需要的一切。另一方面,冷战结束以后,发展经济成为世界各国,特别是发展中国家面临的头等大事。同时西方发达国家的剩余资本为寻求更高的回报,纷纷进行对外投资和扩张,由此引发了经济全球化的大潮。全球化和海洋经济相互促进,互为因果,使海洋经济基本与经济全球化保持同步发展。从过去的渔盐之利、舟楫之便到现有的交通要道、资源宝库,海洋在经济全球化中扮演着越来越重要的角色。进入 21 世纪,随着全球贸易的持续增长以及全球生产现代化的进展,海洋领域的竞争必然加剧。

4. 全球海洋科技发展不断加速

当今世界海洋科技发展异军突起,被称为全球蓝色革命四次浪潮。四次浪潮的阐述如下:

第一次浪潮,以捕捞和近海养殖为主,主要为人们提供丰富多样的海洋食品,改善人们的食物组成结构。

第二次浪潮,以造船为代表的海洋装备制造业发展,大大提高了航运能力,把世界各地的资源联系起来,大大促进了全球生产要素流动和重新配置,加速了经济全球化进程。

第三次浪潮,以海洋环境技术、资源勘探开发技术、海洋通用工程技术为代表的海洋高新技术产业发展,打开了海洋开发、利用的深度和广度。

第四次浪潮,以海洋天然产物、生物活性物质、特殊功能基因组为代表的海洋生物产业发展,将带来海洋生命科学和生物技术的重大突破,形成海洋生物技术产业群。许多科学家预测,海洋科技是 21 世纪人类最有可能取得重大突破的领域之一(李闽榕,2010)。

进入 21 世纪,全球海洋科技发展出现新的趋势:重大海洋科技研究活动活跃;海洋环境科技研究持续稳定发展;海洋生物技术竞争激烈;深海技术发展迅速。实际上,海洋经济的发展离不开技术的发展;海洋经济的竞争,实质就是海洋高新技术与综合国力的竞争。例如,海上油田开发从勘察、钻探、开采和油气集输到提炼的全过程,几乎都离不开高新技术的支持。

5. 全球产业向沿海区域转移的步伐加快

从 20 世纪 80 年代起,全球的产业转移出现与以往不同的变化。发达国家开始向发展中国家转移在本国已难有竞争优势的劳动密集型产业,随后又分阶段地逐步转移资本密集型和资本技术双密集型产业。产业转移的重点从第二产业向第三产业转移,特别是生产者服务业。其中,高新技术产业、金融保险业、贸易服务业和资本密集型的钢铁、汽车、石化等重化工业日益成为发达国家产业转移的重点领域。

(二)我国海洋发展的新态势

我国是陆海兼备的国家,大陆海岸线 1.8 万千米,沿海分布着 7300 多个岛屿,岛岸线长达 1.4 万千米,频临的四个海区总面积约 300 万平方千米。此外,远在东太平洋的国际海底区域,我国还拥有 7.5 万平方千米的海底资源开发区。

1. 海洋发展进入国家重要决策

近年来,海洋事业已进入国家高层的决策视野。党中央、国务院重视海洋工作,先后做出了一系列重要指示和重要举措。党的"十六大"报告提出了"实施海洋开发的战略任务",党的"十七大"明确提出"发展海洋产业"。国务院印发的《全国海洋经济发展规划纲要》提出了建设海洋强国的奋斗目标;在《国家中长期科学和技术发展规划纲要(2006—2020 年)》中,海洋被列为优先发展的五大战略领域之一。2008 年初,国务院批复了《国家海洋事业发展规划纲要》,这是新中国成立以来我国颁布的第一个指导海洋事业发展的纲领性文件,对海洋综合管理工作做出了重大部署。在国务院机构改革中,加强了国家海洋局的职能,增加了对海洋事务的综合协调、对海洋经济运行的监测、评估以及对海洋经济布局的建议等职能。

2. 沿海地区海洋开发方兴未艾

近年来,在世界产业转移的大趋势中,我国经济从来没有像现在这样依赖海洋。海洋对我国越来越重要的根本动因在于我国参与全球化程度不断加深,所选择的全球化条件下的工业化模式和作为一个新兴大国的日益提高的地位。对世界市场和资源依赖程度的加大,意味着海洋经济在我国国民经济中的地位必将进一步提升。

在此背景下,沿海地区都把海洋资源和区位优势作为促进本地区经济社会发展的强大引擎,各自做出了振兴地方经济的重大决策和战略部署。如江苏沿海大开发已上升为国家战略;上海在加快浦东新区建设的同时,获得国务院批准建设世界金融中心和航运中心;浙江的海洋经济发展示范区建设上升为国家战略,加快了海洋开发步伐。

3. 海洋开发与保护管理面临新的挑战

当前,国际海洋事务的发展变化错综复杂,海洋战略地位空前突出,海洋产业已成为世界经济新的增长点。世界各国纷纷制定和调整本国的海洋发展战略,试图在新一轮竞争中抢占先机,谋求更大的海上战略利益。由于国际强权政治的存在和民族主义倾向的抬头,以及我国海洋开发不断向深度和广度扩展,维护海洋权益、争夺海洋资源的形势日益呈现出尖锐复杂的局面,我国海洋工作面临着极为严峻的挑战,如岛屿主权归属争议、海域划界问题、海洋资源开发问题等。

(三)海洋技术贸易业态研究

当前,人类社会正在以全新的姿态向海洋进军,海洋开发活动正如火如荼地进行着。但要避免重蹈陆域资源开发的覆辙,国际社会主张海洋可持续发展的开发模式。而要实现可持续发展,就离不开海洋科技的发展与应用。因此,海洋科技就成为海洋可持续发展的核心,在海洋可持续发展中具有根本动力和支撑的作用。海洋资源、生态和环境的可持续利用,海洋经济的可持续发展,社会的可持续进步,均依赖于海洋科技的创新、发展和应用。在此背景下,有关海洋开发的相关产业必将得到充分发展,出现了不同形式的海洋技术贸易业态。

海洋科技服务业是现代服务业中的新兴业态和高端部分,也是海洋技术贸易的重要组成部门,对海洋经济开发发挥着重要的引领和支撑作用。作为一种新兴业态,海洋科技服务业以现代楼宇为主要载体,占地面积小、资源消耗少、产出效益大,是典型的知识密集型、技术密集型产业,完全符合绿色、低碳的发展理念,完全符合现代城市的发展。目前在海洋科技服务业中,出现了几种高端科技服务业的发展业态。

(1)海洋研发设计产业

这类业态以研发园区或高新技术园区为载体,重点集聚了三类机构:一是以企业研发中心和研究院为代表的科技研发机构,其主要功能是开展技术研发与创新。二是以科研院所技术转移中心为重点的技术转移机构,其主要功能是开展产学研合作。三是以公共技术服务平台为重点的科技服务机构,其主要功能是为区域企业提供公共技术服务。

(2)海洋检测认证产业

检测认证是近年来随着全球化趋势和国际贸易快速发展而兴起的新兴产业。如宁波高新区目前已聚集了国内外龙头和知名检测认证服务机构 30 多家,包括瑞士 SGS、英国天祥 ITS 等国际知名检测品牌,中国赛宝、华测检测等国内龙头和知名检测认证服务机构,检测认证产业年产值突破 4 亿元,初步形成了第三方检测认证机构为主体、第二方检测认证机构为依托的检测认证产业新高地。

(3)培育海洋科技型企业总部

发展总部经济可以为区域发展带来多种经济效应,大批国内外企业总部入驻,不仅可以引入企业高端部门,还可以提高区域知名度、优化商务环境,促进区域经济发展。

(4)海洋科技金融服务业

推动技术与资本、科技与金融的有效对接,大力发展科技金融服务业是海洋技术开发的重要一环。科技金融服务业,包括风险投资服务业、银行业、证券业、保险业以及担保、资产评估、会计、审计、金融信息等专业服务业。这些服务业能够帮助海洋企业缓解融资难题,同时可以考虑助推一些有条件服务企业迈入多层次资本市场。

(5)海洋科技传媒服务业

推动技术与信息技术的对接,发展海洋科技传媒服务业可有效促进技术的网络化、社会化和商品化。科技传媒服务业,提供网站建设、网站优化、网站开发及后期维护服务等,能够帮助海洋企业解决网络应用技术难题,实现经济效益最大化。

四、宁波发展海洋技术贸易的策略研究

(一)宁波技术贸易的发展特点及存在的问题

1. 发展特点

第一是重视技术引进,且质量逐年提升。宁波的科技创新力量较薄弱,故而非常重视技术引进。从 20 世纪末,宁波就大力引进高新技术,相继与中科院、中国兵器工业集团、浙江大学开展全面科技合作。1999 年宁波引进高新技术项目近 230 项,总额为 576 万美元。到 2013 年宁波共签订技术引进合同 432 份,合同总金额 2.7 亿美元,增长 40 多倍。其中技术费 2.6 亿美元,占合同总金额的 96.6%,技术引进质量进一步提升。

第二是高新技术产品出口额占比有所下降。宁波高新技术产品出口额在 2005—2008 年之间呈现上升趋势,占比也逐年增加。但在金融危机之后,2009 年高新技术产品的出口一度下降高达 30%,之后又有所恢复,但至今还没达到金融危机前的水平(见图 5-19)。

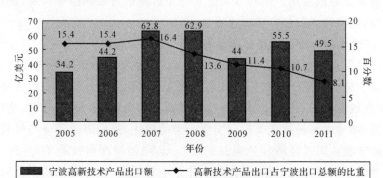

图 5-19 宁波高新技术产品出口额与占出口总额的比重

数据来源:《宁波统计年鉴》、宁波对外经济与贸易合作局网站。

第三是欧盟、美国和日本等发达国家和地区是技术引进的主要来源地。从技术引进的来源地组成看,欧盟各成员国是宁波技术引进的最大来源地,大约占宁波技术引进的 1/3。美国位居第二,约占 1/4,日本位居第三,约占 1/6。

第四是化学原料及化学制品制造业、房地产、通用设备制造业成为技术引进重要行业。从技术引进的行业组成看,化学原料及化学制品制造业是最大的技术引进行业,占宁波技术引进合同总额的一半以上。其次是房地产和通用设备制造业。值得关注的是,近年来,专用设备制造业技术引进增长迅速,成为一个新亮点。

第五是技术贸易以外资、民营企业为主体。在技术贸易主体组成中,宁波以外资和民营企业为主。其中外资的技术贸易所占份额接近一半,民营企业的技术贸易所占份额约占 1/7,国有企业技术贸易比重下降,不足 1%。

2. 宁波技术贸易中存在的问题

引进技术的消化吸收不够。目前宁波的外贸企业很多以加工贸易生产为主,存在消化吸收困难,主要原因有缺乏人才、缺乏系统有效的技术引进消化吸收创新的政策体系、缺乏资金、引进的技术与企业现阶段技术水平差距较大等。

技术引进总体水平偏低,核心技术和关键装备引进偏少。受产业结构及经济发展水平的制约,特别是受发达国家的技术出口限制,核心技术和关键装备引进较少。

(二)宁波发展海洋技术贸易的策略

1. 积极进行体制创新探索

充分发挥宁波的体制优势,积极探索技术服务贸易发展的新途径和新方式,建设技术贸易新体制,在产业发展、政策支持、人才引进等方面有所突破,促进宁波技术贸易的发展。同时尽快建立与完善技术贸易的服务体系,制定相关法律法规,确保技术贸易有序健康发展。

2. 以科学务实的态度用好海洋科技资源

海洋科技是宁波重要的城市资源之一,以科学务实的态度努力用好这一战略资源是宁波"十二五"规划的要求。宁波具有鲜明的海洋经济比较优势,港口经济、滨海旅游、海产品养殖加工等领域都具有相当规模。通过开发、使用海洋科技资源,加速海洋科技成果向现实生产力的转化,提高海洋经济的科技含量,力争形成宁波在海洋经济领域里新的增长点,增强海洋科技竞争力,促进宁波竞争优势的形成。为此,要加强体制和体系创新建设,做好海洋技术创新,抓好技术开发,加快海洋科技成果转化。

3. 营造海洋科技发展的有利政策环境

宁波作为副省级城市,应发挥先行先试优势,加强制度创新和管理机制创新,积极营造有利于海洋科技创新和高新技术产业化的政策环境。目前,宁波市政府已出台了许多关于高新技术产业化的优惠政策、科技成果转化的奖励政策、促进民营科技企业发展的优惠政策。今后应进一步出台和完善一系列促进海洋高新技术成果转化的政策措施,充分调动高校、科研院所、企业和科技人员的积极性。

4. 大力实施"科技兴渔"战略

海洋食品是人类膳食结构的重要组成部分。随着人们对健康、绿色食品的需求不断上升,应加快渔业技术创新和科技成果转化步伐,为人们提供更加丰富、更加健康的绿色食品。一方面,用先进适用技术改造传统渔业,加快渔业高新技术产业化,提高渔业核心竞争力。另一方面,加强"产、学、研"联合,充分发挥水产专家顾问团的作用,加快科技成果转化。

5. 建立健全海洋科技服务支撑体系

海洋经济发展离不开技术支撑,更离不开技术服务支撑体系。这个体系可以包括海洋监测监视、预警预报、导航定位、搜寻救助、教育培训、信息情报、技术市场、鉴定评估仲裁机构等(韩立民,2004)。这些社会服务部门可以是公益性的,也可以是商业性的。科技成果产业化过程中遇到的困难,都可以从服务机构得到帮助。因此,除政府部门设立的技术服务支撑体系外,还应积极引导民间资本进入该服务体系。

6. 扶持海洋产业大企业集团

大企业集团能起到示范效应,对区域经济的带动作用不容忽视。目前,宁波海洋技术产业发展不仅规模小、实力弱,而且缺乏大企业集团、龙头企业的支撑。因此,可以通过兼并、参股、控股、拍卖、收购等形式,在海水育苗、养殖及饲料、海洋药物、盐化工、环保等技术领域积极培育大中型企业,通过政府层面的优惠政策加以重点扶持,培育和壮大本区域的龙头企业,使其成为托起宁波海洋科技产业的重要支柱。

7. 建立行之有效的投融资体系

没有足够的资金投入,海洋技术贸易很难有很大的发展,必须建立一套行之有效的投融资体系。

其一是采取可行的投融资体系。首先,可由地方财政部门设立海洋技术启动资金,以"集中力量办大事"原则,重点安排一定资金用于目前极需的海洋开发项目;其次,可利用外资,通过招商、合作等方式引进国外资金用于支持海洋技术贸易的重点项目;第三,是积极鼓励民间资本进入,一定程度上缓解资金缺口。

其二是制定优惠政策,扶持海洋技术开发。比如可设立由地方财政部门和海洋企业共同出资的海洋资源开发风险基金,一定程度上帮助企业提高抗风险能力。同时可减轻海洋企业税赋,培养企业自我积累的能力。

8. 完善海洋人才的引进、培养和发展政策

海洋技术发展离不开高素质的人才。目前,宁波海洋技术发展急需大量的专门人才,可以从引进人才与培养现有海洋人才两方面着手。一方面,把海洋技术人才引进纳入宁波市人才引进体系。另一方面,加大宁波海洋经济紧缺急需人才的培养力度,探索校地联合培养,鼓励企业在职员工修读高校海洋专业工程硕士。发展海洋类继续教育,深入开展岗位培训、预备劳动力培训。同时积极转变分配方式,研究制定知识、技术、管理等要素参与分配的制度。在分配激励机制上可向重点、关键岗位及优秀人才倾斜的分配激励机制,建立不同层次的差额岗位工资制度,激发各类人才的积极性和创造性。

9. 积极推进国际海洋技术合作

海洋资源具有共享性,海洋技术产业具有开放性特点,关起门来搞研发是行不通的,必须进行国内国外技术合作,把海洋产业发展同宁波外向型经济结合起来。可积极扩大人员、技术的国际交流,注重急需的、关键性技术的引进。同时借助宁波沿海城市的优势和日益上升的国际知名度,积极举办各类国际海洋学术会议和科技成果展览,尝试建立海洋技术贸易平台,促进宁波海洋技术贸易的发展。

高等教育服务贸易研究

一、高等教育服务贸易的国际比较

（一）高等教育服务贸易概述

WTO《服务贸易总协定》第 13 条规定："除了由各国政府彻底资助的教学活动之外，凡收取学费、带有商业性质的教学活动均属于教育贸易服务范畴。"根据该协定，服务贸易分为十二大类，教育服务是第五类。教育服务在项目上又可细分为初等教育服务、中等教育服务、高等教育服务、成人教育服务和其他教育服务五类。在这里，我们重点对高等教育服务贸易进行阐述。

高等教育服务贸易的提供方式和其他服务业一样，分为四类，即跨境交付、境外消费、在服务消费国的商业存在和自然人流动（见表 6-1）。

表 6-1　高等教育服务贸易的内容与主要形式

GATT 下的提供方式	概　念	教育服务实例	市场规模、潜力与发展的主要障碍
跨境交付	教育服务本身跨境，而教育服务的提供者和消费者都不须跨境。	远程教育、虚拟教育机构、教育软件、ICT教育	目前的市场很小，但发展很快，通过利用信息与通信技术，具有巨大的市场潜力。
境外消费	消费者到其他国家接受教育服务。	出国留学、出国培训	市场份额最大，政府的限制较少。
商业存在	服务提供者到服务消费地建立学校，提供服务。	中外合作办学、海外分校	市场的利益和未来增长的潜力很大，成员国普遍不愿意在这个领域中做出承诺。
自然人流动	提供教育服务的个人前往消费者所在地，提供短期服务。	教师或学者的流动	对专业人才和高技术人才的需求使市场有潜力。

在服务贸易的四种提供方式中,高等教育境外消费服务贸易占据着举足轻重的地位,高等教育留学服务的发展也受到越来越多国家的重视。

(二)世界高等教育服务贸易的发展阶段

王哲(2011)把全球高等教育市场的发展大致分为四个阶段,并且指出高等教育服务从最初由几个英语国家主导的并不发达的产业,发展成为一个成熟的以出口为导向的拥有众多参与者的部门。

1. 20 世纪 70 年代之前被动的间接出口阶段

在此阶段,高等教育出口几乎全部是发达国家针对低收入国家的学生,并且带有较大的公益性。如以英国为主导的英联邦国家实施的"科伦坡计划"、美国的"富布赖特"和"马歇尔计划",都是由政府资助并管理的重要国际文化、教育交流项目。低收入国家的学生依靠发达国家的教育交流和援助项目得以实现出国留学的想法,留学的目的地主要集中在几个发达工业化国家,如美国、英国、法国和前苏联。在此期间,高等教育提供者并不积极地寻找外国学生,也不为了吸引外国学生而积极地宣传自己的项目,没有任何发达国家把高等教育视为增收的出口部门。

2. 20 世纪 70 年代中期至 80 年代中期的直接出口阶段

在此阶段,高等教育出口除了公益性外,还出现了以商业性为目的的教育出口。如美国、英国、加拿大、澳大利亚和新西兰的大学开始实施积极主动的宣传计划,它们将来自发展快速的亚洲和拉丁美洲国家的学生作为吸引的目标。这一时期恰好是快速发展的全球化时期,很多中等收入国家的经济发展迅速,亚洲、南美和东欧的新兴国家更是积极地登上了国际经济舞台。来自这些区域的留学生人数快速增长。不过,随着发达国家国内大学校园的容量逐渐饱和,输出高等教育的大学开始探索其他的发展策略。

3. 20 世纪 80 年代后期至 20 世纪末的战略出口增长阶段

在此阶段,知识经济的全球化正方兴未艾,人们越来越需要了解和掌握世界先进的知识,包括全新的管理理念、经营模式和营销手段等,对高等教育服务的需求越来越迫切。在此背景下,美国、加拿大、英国和澳大利亚的主要高等教育提供者鉴于国内校园容量逐渐饱和的压力,采取了新的国际化战略和发展策略,即采取国际办学的形式,主要表现在与生源国国内高等教育提供者合作办学。由于这些措施能让更多的学生不出国就可以拿到国外学位,大大降低了教育费用,因而,受到留学生的普遍欢迎。

4. 2000 年至今的出口成熟阶段

开办海外分校是进入并拓展国外高等教育市场的最新方式。早期人们普遍认为,开办海外分校的风险很高。然而,到了 20 世纪 90 年代末,全球化加快了解除市场管制的步伐,促进了自由化的发展,信息和通信技术的进步使海外分校变得越来越普及,费用越来越低。截至 2005 年年底,全世界 36 个国家大约拥有 81 所海外分校。

总之,高等教育已从一个小型非出口行业迅速发展成为一个重要的出口产业。信息和通信技术的发展、服务贸易自由和政府减少干预等因素促进了高等教育国际化的进程。

(三)高等教育服务贸易的国际比较

1.高等教育服务市场开放度的比较

目前在开放教育市场方面,发达国家最为积极,主要包括美国、英国、德国、法国、澳大利亚、新西兰等国家。这些国家对于高等教育市场的准入采取非常宽松的政策,如美国在市场准入方面除了个别州外基本无限制,在国民待遇方面仅对奖学金和助学金的发放范围做了些规定;澳大利亚承诺开放中学教育、高等教育和其他教育服务,并对跨境提供的市场准入不做限制,采取了比多数WTO 成员更加开放的教育政策。相比之下,中国的高等教育市场开放度低于发达国家。中国教育服务贸易的入世承诺是有条件、有步骤地开放教育服务贸易领域,与发达国家有一定差距。当然,这也是与中国目前的综合国力和教育产业发展水平相适应的。可以预见,随着中国综合国力的发展,教育服务市场的国际开放度将有所提升。

2.国际市场出口占有率分析

这一指标反映一国高等教育服务出口总额与世界高等教育服务出口总额之比,表明该国高等教育服务贸易占世界市场的比例。由于经合组织、世界银行、联合国等国际组织关于国际服务贸易的统计中,直接关于"高等教育服务贸易"的数据非常少,只有少数国家报告了直接关于"高等教育服务贸易"的数据,这些国家包括国际教育服务贸易出口额居于世界前列的发达国家,如美国、英国、澳大利亚,同时也包括一些发展中国家,如捷克。

从图 6-1 中可看出,美国、澳大利亚、英国居高等教育服务贸易出口额的前三位,这三国总份额之和几乎超过全球的 86% 以上。其中,美国所占份额居全球的 1/3 强,是全球最大的高等教育服务贸易出口国。从增长速度上看,澳大利亚的增长速度最快,从 2000 年占比 6.25%,增加到 2007 年的 29.78%,增长了 3.8 倍,年均增长速度 25%。从发展趋势看,发展中国家中国和捷克也呈逐步增长态势。中国从 2000 年占比 1.85% 上升到 2007 年的 5.74%,增长 2 倍多。捷克从 2000 年占比 0.10% 上升到 2007 年的 0.92%,增长 4 倍多。

3.高等教育服务贸易国际竞争力比较

该指标是指一国高等教育服务贸易的出口额与进口额的差额与高等教育

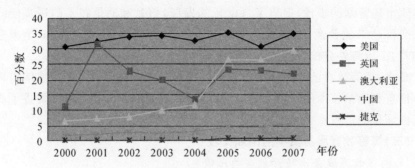

图 6-1　各国高等教育服务贸易出口市场占有率比较

数据来源:经合组织、世界银行、联合国网站。

服务贸易进出口总额的比值。

从图 6-2 中看,英国、澳大利亚、美国位居贸易竞争力指数前三位。其中,英国高等教育服务贸易竞争力指数在 2000 年到 2007 年之间都超过或接近 0.8,表明其高等教育服务贸易具有很强的竞争力;澳大利亚的贸易竞争力指数一直在上升,2007 年达到 0.87,表明其具有较强的国际竞争力;美国贸易竞争力指数有所下降,这可能与美国政府在"9·11"事件后采取严格的签证政策有关。在两个发展中国家中,捷克的贸易力指数在 0.2～0.5 之间,具有一定的竞争力。而中国的竞争力指数一直为负数,在 -0.85～-0.65 之间,表明其高等教育服务贸易具有很低的国际竞争力。

4. 高等教育服务贸易的吸收地区比较

北美和西欧地区由于教育水平较高,历来是各地区留学生首选之地。从世界各地吸收的留学生比例来看,北美和西欧占比最高,2004 年为 69%,2007 年为 65%,稍有下降。这可能与美国在"9·11"事件之后严格的签证政策有关。其次是东亚和太平洋地区,从 2004 年的 15.5% 上升到 2007 年的 18.4%,增幅

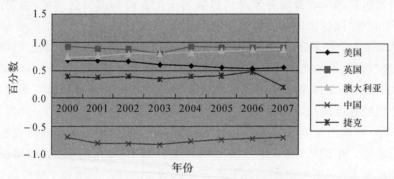

图 6-2　各国高等教育服务贸易竞争力指数比较

数据来源:经合组织、世界银行、联合国网站。

达到 18.7％。这与该地区放宽教育输出入限制有关,如澳大利亚和中国都采取了宽松的留学政策。阿拉伯国家和中亚的占比也有较大上升,分别从 2004 年的2.5％和 1.4％,增加到 2007 年的 2.9％和 1.9％,增幅明显(见图 6-3、图 6-4)。

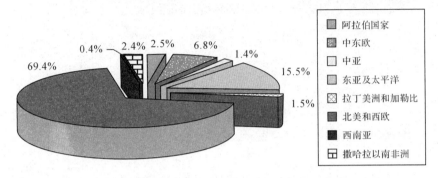

图 6-3　2004 年世界各地区吸引的留学生比例

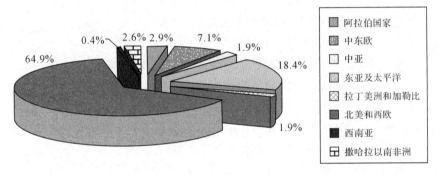

图 6-4　2007 年世界各地区吸引的留学生比例

数据来源:世界银行网站、联合国教科文组织网站。

5. 高等教育服务贸易生源的比较

根据全球高等教育生源地的数据,可以明显看出,来自北美和西欧地区的留学生人数占世界总留学生的比例在 17％～20％之间。考虑到前面曾阐述北美和西欧吸引留学生也是最多的,故而可以看出,这些发达地区既是高等教育服务贸易的输出国,又是输入国。佟家栋(2006)曾说过高等教育服务贸易的运行接近或类似于产业内贸易模式。在世界留学生生源构成中,还有一个显著变化,即东亚和太平洋地区的生源占比大幅上升,从 2004 年的 2.9％,增加到2007 年的 28.9％,增长了近 9 倍,年均增长 115.2％(见图 6-5)。这一地区出国留学人数出现井喷,主要与这一地区国家的政策和全球国际化趋势有关。如中国的入世承诺允许境外消费、允许自然人流动。

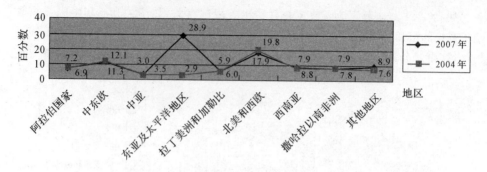

图 6-5　世界各地区留学生来源地的比例

数据来源：世界银行网站、联合国教科文组织网站。

二、中国高等教育服务贸易发展研究

（一）中国高等教育服务贸易的发展阶段

中国高等教育服务贸易发展总体来说经历了三个阶段。

1. 新中国成立后到改革开放前

这一阶段，主要以一边倒的留学政策为主。当时由于中苏的良好关系，中国教育部等部门颁布了一系列留学苏联的政策，所以绝大多数留学生都去往苏联。相比之下，留学西方的人数很少。从出口方面来看，有少量的留学生到中国学习，但主要是为与中国建交的友好国家培养人才，有较多的政治色彩。

2. 改革开放后至 2001 年

改革开放后，中国的留学教育如雨后春笋，蓬勃发展。为了发展教育事业，政府鼓励学生出国留学，并辅以三种留学资助体系：一是国家公派，二是单位公派，三是自费留学。根据教育部的统计数据，1978 年至 2001 年，中国通过上述渠道出国留学的人数达到 190.54 万人，归国人员为 63.22 万人，这些回国人员成为中国现代化建设的一支重要力量（王哲，2011）。与此同时，来华留学的人数也在不断增加，生源国有所增多，高校外国留学生教育自主权扩大，参与单位进一步增多。

3. 2002 年至今

根据入世承诺，中国在教育法规条例等方面做出很大改革，取消了一系列妨碍自费留学的不公平规定，严格管理留学中介机构，拓宽了来华留学渠道，放松了外汇管制等，这些措施使得中国出国留学和来华留学的人数都出现了大幅增加。根据经合组织公布的数据，中国在 2008 年的国际高等教育市场上所占的份额为 1.52%，且呈不断发展趋势。但从贸易差额来看，中国仍是高等教育服务贸易的进口国。

(二)中国高等教育服务贸易的特征

1. 接收留学生的规模偏小

目前,境外消费仍是当今高等教育服务贸易最重要的形式,因此一个国家接收留学生规模的大小直接关系到其教育服务贸易的出口额,这是衡量一个国家教育服务贸易的重要指标之一。加入 WTO 后,来华留学人数步入快速增长期,但中国出口教育服务贸易规模与国内庞大的高等教育规模体系极不相称。1990 年,中国接收留学生 0.75 万人,到 2010 年,中国接收来华留学生 8.08 万人,在校留学生人数为 13.06 万人,而同期中国高等院校招生人数(包括研究生、普通本专科)为 637.84 万人,在校人数为 2385.63 万人,来华留学生人数仅占全国招生人数的 1.27%,占全国在校学生人数的 0.55%。与发达国家相比,这一数字还是非常低的。

2. 来华留学生的教育层次有所提升

学历留学生是留学生的主体。近几年,来华接受学历教育的留学生人数有所上升。2000 年为 1.37 万人,2010 年为 10.7 万人,增长近 7 倍。非学历生的人数从 2003 年的 5.3 万增加到 2010 年的 15.8 万人,增长近 2 倍。从比例上看,学历生占留学生总数的份额,2000 年为 38.41%,之后一路下滑,2005 年又开始恢复上升,到 2010 年增加到 40.5%。非学历生的份额则从 2003 年的 68.33%,下降到 2010 年的 59.5%(见表 6-2)。而美国、日本、澳大利亚等教育服务贸易发达国家的外国留学生中学历生所占份额多在 60% 以上。

表 6-2 中国留学生类别统计

留学生类别 \ 年份	2000	2003	2004	2005	2006	2007	2008	2009	2010
学历生(万人)	1.37	2.46	3.16	4.5	5.5	6.8	8.0	9.3	10.7
学历生占来华留学生总数的比例(%)	38.41	31.67	28.5	31.79	33.72	34.89	35.8	39.2	40.5
非学历生(万人)	—	5.3	7.9	9.6	10.8	12.7	14.35	14.5	15.8
非学历生占来华留学生总数的比例(%)	—	68.33	71.5	68.21	66.28	65.11	64.2	60.8	59.5

数据来源:中国教育部网站。

3. 来华留学生国别结构单一,理工类专业竞争力不强

长期以来,来华留学生以亚洲诸国生源为主,大约占来华留学生总数的 70% 以上,来自欧美的留学生所占比例较小,因此欧美留学生的市场开发有待加强。近几年,来华留学生专业类别尽管在不断丰富,但整体上看,其专业选择多集中在文科类专业,专业结构不尽合理。2006 年,16.3 万名各类来华留学人员中,选择文科的为 11.5 万人,约占总人数的 70％,而选择理科和工科只有 0.68 万人,仅占总人数的 4.2％。这说明,来我国学习的留学生以学习中国历史、文化的居多。而在发达国家,理工科类的留学生占学生总数的比例普遍高于人文学科类,这种状况表明,在现阶段,我国理工类专业的教育竞争力远低于发达国家。

4. 出国留学人数逐年增长,且自费率显著上升

根据中国教育部国际合作与交流司的数据统计,中国各类出国留学人员呈逐年上升趋势,特别是加入 WTO 后,出国留学人数更是快速增加。2003 年,中国各类出国留学人员总数 11.73 万人,2009 年为 22.93 万人,几乎增加 1 倍。从资助体系来看,自费率虽有波动,但基本维持在 90％左右(见图 6-6)。

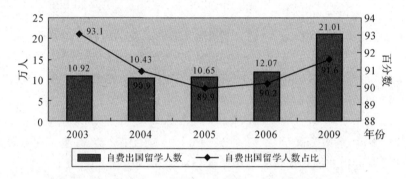

图 6-6 2003—2009 年中国自费留学出国人数及占比

数据来源:中国教育部网站。

5. 出国回国比明显上升

据统计,1978 年中国出国留学人数与学成回国人数之比为 3.47,之后不断攀升,1980 年高达 13.11,之后开始下滑,到 1991 年降至 1.4。1992 年又开始回升,加入 WTO 后,学成回国人数逐年增长。2003 年学成回国人数占当年出国留学人数的 17.1％,2009 年高达 47.2％,增长 1.7 倍,年均增长 18.4％(见图 6-7)。

6. 高等教育服务贸易存在逆差

从 2005 年开始,来华留学人数开始超过了中国出国留学人数。从理论上说,如果我国向留学生收取的学费与国际水平相差不大,中国应该存在高等教育服务贸易顺差,但实际上,中国高等教育服务贸易存在逆差。产生这一结果的原因在于,中国向外国留学生收费与外国对中国留学生收费完全不在一个等量级上。如中国对留学生的收费是按照教育部统一标准实施的,每学年费用多在 1.5 万～4 万人民币之间。而在欧美发达国家,留学生的学费是本国学生的 2—4 倍,普遍在每学年 1.5 万—2.5 万美元之间,之间的差距一目了然(韩琪、王建坤,2012)。

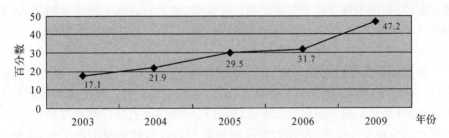

图 6-7　2003—2009 年中留学生出国回国比

数据来源：中国教育部网站。

（三）中国发展高等教育服务贸易的政策建议

通过对中国高等教育服务贸易的阐述可以看出，无论是中国学生走出去还是外国留学生走进来，这两者的规模都有了空前的进展，中国已经步入世界留学生的大国，但还不是高等教育服务贸易强国。为了进一步优化中国高等教育服务贸易，改变逆差的状态，需要在政策等方面做出调整。

1. 转变观念，树立服务市场的竞争意识

应及时转变观念，除了教育的公益性外，应考虑高等教育的贸易性。在高等教育服务贸易的发展中，我国的高等教育服务机构必须要树立国内、国际两个市场观念，必须要有教育服务国际市场的竞争意识，打造自身特色专业优势，积极开拓教育服务国际新市场。

2. 加大教育经费投入力度，探索多元化的投资体制

中国高等教育经费投入不足是长期困扰高等教育发展的瓶颈之一。政府的公共投入是高等教育经费的主渠道，随着我国经济实力的增强，应加大对高等教育的投入力度，以改善高等教育的办学条件。同时，高校也要积极探索多元化的投资体制，多方筹集教育资金，弥补教育经费的不足。

3. 创造高等教育服务贸易发展良好的制度环境

目前，普遍认为制度也是一种生产力，因此要促进高等教育服务贸易健康发展，离不开良好的制度环境。一是加强立法，应注重参照国际条约和国外的立法经验，接轨国际服务贸易法规，尽快完善服务贸易领域包括高等教育的各项法律制定，减少教育服务贸易中法律规范真空状况。二是健全教育服务贸易管理体制，国家的教育管理部门在对境外消费教育服务承担管理任务的同时，也要为来华留学生消费者提供更多的服务，如勤工助学服务和社会保障服务。

4. 优化课程设置，优先发展比较优势专业

中国高等教育整体实力虽然与发达国家相比有较大差距，但在某些学科领域（如汉语言文化、中国传统医学、基因组研究、农业生物技术等）则处于国际上领先地位，在国际高等教育服务贸易市场具有较强的竞争力。因此，应扬长避

短,充分发挥中国在这些学科方面的比较优势,加大对这些学科建设的投入,根据国外学生的需求,改革和优化现有课程体系,以吸引更多的留学生。

5. 加强留学服务的对外宣传

除了前面提到的观念转变,还要重视国际市场营销。正所谓"酒香也怕巷子深",对于中国的优势学科要积极走出去,加强宣传工作。以国外的经验作为借鉴,教育展览是最常用的宣传方式,通过在生源国进行高等教育巡回展,可以近距离地接触潜在生源,使他们对中国的高等教育有较为深刻的了解,吸引他们来华学习。此外,还可以通过互联网在学校门户网站上开设留学服务的专项页面,面向外国留学生提供翔实的留学信息,以便尽可能为有意来华留学、进修的国外学生提供足够的信息。在宣传内容方面,要加大对优势学科的宣传力度。

三、宁波发展高等教育服务贸易的策略研究

(一)宁波高等教育发展概况

宁波自古以来,钟灵毓秀,物华天宝,素有"四明古郡,文献之邦,江山之胜,水陆之饶"之誉。早在 7000 年前,人类先民就在此繁衍生息,创造出了灿烂的河姆渡文化。宁波的高等教育也源远流长,早在公元前 1 世纪末,现余姚境内就有学宫的记载。唐时建州学和县学。宋时,宁波的古代教育进入兴盛时期,书院发达,培养了一批杰出人才,史称浙东学派。宁波人杰地灵,历代人才辈出,人文荟萃,素有"文教之邦"美称。历代杰出的专家学者人数亦位居全国前列。现在宁波籍的著名专家、学者仍然很多,在中国科学院和中国工程院中,宁波籍的两院院士为数众多。

新中国成立后,宁波的高等教育经过几十年的发展,目前已经形成南北两大高教园区的发展格局,创新了多元化高等教育发展模式。回顾宁波高等教育的发展历程,主要分为三个阶段。

1. 新中国成立后至改革开放前

新中国成立以来,宁波市经济发展态势良好,曾超额完成第一个"五年计划"的各项工作,成绩显著。同时,宁波教育事业也得到了发展,1956 年 9 月创办宁波师范专科学校,这是建国后宁波第一所正规高等院校,同时也揭开了宁波高等教育新的篇章。随后,相继成立了农学院、医学院、工学院、职业业余大学,这一时期是宁波高等教育的建立和初步发展,但由于受"文化大革命"影响,宁波高等教育也是大起大落。

2. 1978 年至 1998 年

改革开放后,宁波的经济复苏,高等教育事业进入新的发展阶段。相继创

建、重建、改建一批高等院校,如宁波高等专科学校和宁波大学的创建是这一时期高教事业发展的重要成果。截至 1998 年,宁波已拥有宁波大学、宁波高等专科学校、浙江万里学院(专科)、宁波教育学院、宁波广播电视大学等 5 所高校;在校全日制本科生 5712 名,毛入学率 8.8%;教职工总数 2142 名,专任教师1104 名,教授 43 名,副教授 249 名;高校占地总面积 132.3 万平方米,建筑面积42.1 万平方米,高校图书馆藏书总量为 123.6 万册。这一时期,虽然宁波高等教育取得了一定成绩,但由于种种原因,宁波的普通高等教育普遍存在数量少、规模小、办学层次不高等问题。

3. 1999 年至今

这一阶段是宁波高等教育跨越发展阶段。1999 年,宁波市委、市政府作出了实施"科教强市"的战略决策,把教育摆在优先发展的战略地位,高等教育发展成效显著。到 2011 年,宁波高校共有 15 所,其中全日制本科高校 7 所,高职高专院校 6 所,成人高校 2 所。全日制普通高校在校生 14.5 万人,其中本科生8.6 万人,占比 59.3%,高职高专生 5.6 万人,占比 38.6%。高校共有专任教师9543 人,其中具有正高级、副高级职称的 3260 人,占比 34.2%,拥有 29 位市级高校名师和 50 位名师培养对象。共有博士点 3 个、硕士点 58 个、国家人才培养模式改革试验区 3 个、国家特色专业建设点 11 个、国家精品(双语教学)课程40 门等。这一时期,宁波的高等教育布局结构和管理体制得到优化,办学规模迅速瓜熟蒂落,办学层次、办学水平得到较大提升,扭转了宁波高等教育发展滞后的局面。

(二)宁波高等教育服务贸易发展的现状

随着宁波高等教育跨越式发展,办学规模迅速扩大,办学形式日趋多样,办学条件不断宽松,教学改革深入开展,人才培养质量稳步提高。与此同时,宁波经济实力逐步提高,国际知名度不断提升,高等教育国际交流与合作呈现出蓬勃发展的势头。

1. 高等教育国际化意识日益增强

宁波越来越多的高校把推进高等教育国际化摆上学校发展的议事日程。不少学校设立了专门的外事管理部门,如宁波大学将国际化作为未来发展的重要方向之一。作为配套,该校于 2009 年设立外事处和留学生办公室,鼓励所有学科性学院大力推进国际化,促进来华留学生教育。

2. 来甬留学生规模不断扩大

宁波市高校近 4 年半招收的留学生人数近 4000 人。虽然与省内其他高校相比还有不小差距,但其接收留学生的人数逐年上升。如 2008 年宁波大学接收的留学生为 370 人,到 2011 年达到 694 人,增幅达到 87.6%。宁波诺丁汉大学,作为当代中国第一家中外合作大学,2008年接收的留学生为249人,到2011年达到356人,增幅达到43.0%(见表6-3)。

表6-3 浙江省主要高等院校留学生人数与学历生人数

高等院校		浙江大学	浙江工业大学	浙江师范大学	宁波大学	宁波诺丁汉大学	全省合计
2008年	总人数	3480	413	268	370	249	7394
	学历生人数	1281	54	49	45	249	2247
2009年	总人数	3558	406	314	331	306	8217
	学历生人数	1493	56	91	49	306	2727
2010年	总人数	4231	785	615	471	284	10571
	学历生人数	1723	75	177	91	284	2506
2011年	总人数	4655	1012	774	694	356	13004
	学历生人数	1873	129	208	231	250	4113
2012年上半年	总人数	3530	797	759	589	325	9969
	学历生人数	1647	125	185	238	325	3830

数据来源:浙江省教育厅网站、浙江留学生招生网站。

从留学生人数占全省留学生总人数的比例看,宁波所占比重也有较大提高。如宁波大学留学生的占比从2008年的5%,增加到2012年上半年的5.9%(见图6-8)。2008年宁波大学留学生占比与浙江工业大学和浙江师范大学的差距并不大,甚至还超过浙江师范大学,但从2010年开始这一差距开始拉大,并有扩大趋势。

3. 高等院校国际交流与合作的政策环境逐步改善

宁波经济社会持续健康发展,为加强国际交流与合作奠定了物质基础;高等教育质量和水平不断提高,为加强国际交流与合作奠定了事业基础;教师队伍素质逐步提升,为加强国际交流与合作奠定了人才基础。在此背景下,宁波在政府与院校层面都给出较大幅度的优惠政策。

政府层面上,宁波市陆续出台一些旨在推动高等教育国际合作的政策,为

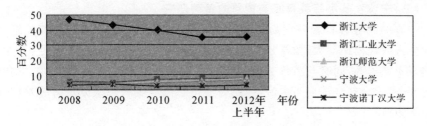

图 6-8　2008—2012 年上半年浙江省主要高校留学生占比

数据来源：浙江省教育厅网站、浙江留学生招生网站。

加快高等教育国际化提供了制度保障。宁波市政府从 2011 年起设立宁波市来华留学生政府奖学金，吸引更多外国留学生来宁波高校学习和从事科学研究，提高留学生层次。这是继杭州市后我省第二个市级来华留学生政府奖学金。根据《宁波市来华留学生政府奖学金管理办法（试行）》的规定，将根据各高校每年实际在校留学生数的 15％确定各类奖学金的名额和金额。奖学金分 A、B、C、D 四类，按 3 万、2 万、1 万、6000 元实行不同奖励标准。

院校层面上，从 2011 年开始，宁波大学每年拨款 500 万元聘请专业外籍教师来校工作，派遣本校教师出国进修，为国际化专业的留学生提供奖学金等多项资助。目前已经启动了临床医学、机械工程和国际经济与贸易的本科和工商管理的硕士和本科以及水产养殖硕士等 6 个国际化专业，而且逐步培养了一支具有海外学习和进修背景的校内教师与外籍专家共同合作的教师团队。为适应风靡全球的"汉语热"，弘扬中华文化，专门向海外学生开设汉语言文学（对外）本科项目。

4. 加快"走出去"与"引进来"步伐

在寻求与国外高等院校合作方面，宁波高等院校尝试多样合作形式。宁波大学目前已经与澳大利亚堪培拉大学合作 MBA 项目、与法国昂热大学合作旅游管理项目、与美国中田纳西州立大学合作 2＋2 精算项目、与加拿大汉伯学院合作 2＋1 项目等。这些也加快了宁波高等教育走出去的步伐。

宁波高等教育不仅在积极实践"走出去"，而且在引进国际名校资源方面也迈出了重要一步。2003 年浙江万里学院和英国诺丁汉大学签订合作办学协议，这一项目受到国家教育部、浙江省政府、宁波市政府的大力支持。新成立的宁波诺丁汉大学是第一所依据中国政府最新颁布的有关中外合作办学条例筹办的全新的中外合作性质的高校，中国学生可以实现在"家门口留学世界名校"的愿望。这一重要中外联合办学模式的成功也提高了世界一流大学来华办学的积极性。

(三)宁波发展高等教育服务贸易的策略研究

宁波的高等教育服务贸易虽然取得了一定成绩,但也存在着一些问题,如留学生人数规模还不大、留学层次较低、办学水平不高、经费投入不足、专业课程体系不完善等,同时与省内其他高等院校有较大差距。现阶段,在经济全球化时代,融入全球经济成为主流,因此为促进宁波高等教育服务贸易的发展,提出以下策略。

1. 加大改革力度,营造有利于高等教育国际化的政策环境

建议结合本省、市高等教育国际化进程,适时出台有关中外合作办学、学分互认等方面的法规和政策文件,从政府层面给予政策保障。探索部分办学水平较高的高职院校,就一些特色专业与国外高等院校联合制订人才培养计划,开展中外合作办学;在正确把握宣传和研究方向的前提下,支持高等院校主办或承办高层次、有特色的国际学术会议。

2. 进一步优化高等教育的结构

在形式结构上,以多种形式积极稳妥地发展本科教育;做大做强高等职业教育,可以考虑将条件较好、办学质量较高的中等职业学校和成人高校改制为高等职业技术学院,以充实职业教育;统筹协调各种高等教育资源,加强高等院校间在教学模式、课程改革、网络建设等方面的相互沟通与交流。

在学科结构上,要根据全球教育的需求,结合宁波本地高等院校在工程师培养方面的优势,适当增大适用工程技术类、人文财经管理类的留学生人才培养比重。

在层次结构上,形成合理的教育层次结构。宁波大学拥有博士点,在高端人才培养上颇具优势。宁波诺丁汉大学是一所接轨国际教育的中外合作学校,教育层次是本科教育与研究生教育并重。浙江大学宁波理工学院和浙江万里学院是全省排名靠前的综合性应用型大学。宁波工程学院以培养应用型人才为特色,被称为"工程师的摇篮"。在现有基础上,宁波高等教育要力争较多的硕士点,提升教育层次结构。

3. 加大经费投入,加强物质保障

建议逐步扩大留学生奖学金规模,吸引国外优秀学生来甬学习深造。在奖学金来源方面,可以探索地方政府、高校、社会力量等多渠道筹集。一些有条件的高校可以设立专项经费或从事业收入中提取一定比例专项用于国际交流合作,加快国际化课程和专业建设,扩大交流生、交换生规模。通过提升科研服务水平,争取国际组织、国外高校和科研机构的科研经费;通过扩大留学生规模、开辟境外教育市场。

4. 大力发展境外办学,加强宣传力度

借助浙江省高等教育推介工程,组织宁波市高等院校到国外举办教育展,

介绍宁波的经济、社会、文化、教育资源和来甬高等院校就读的相关优惠政策，吸引外国学生来甬留学；选择在一些国家设立招生代理处或招生中心，方便国际学生办理来浙留学手续。如宁波大学为了扩大留学生招生规模，通过合理布局，确定了非洲、南美和东南亚为重点招生地区。

鼓励有条件的高等院校根据自身的学科特点和优势，积极开辟境外办学市场，采用多种办学模式，参与国际教育服务贸易。同时可借助全球"汉语热"，有计划地推进国外"孔子学院"建设，建立汉语国际推广基地，扩大中国文化在国外的影响力。如宁波大学与冰岛合作，成立了宁波市第一个海外孔子学院——冰岛北极光孔子学院，并获批在冰岛设立了国家汉语水平考试（HSK）考点。

5. 引进和培养并重，提升高校师资和管理队伍的国际化水平

建议加强教师对外交流工作。逐步完善教师聘用和职务晋升政策，鼓励教师出国进修、访问；积极支持教师参加国内著名高等院校组织的各类高水平学术研讨班和国际学术会议；加强与国外同类高水平高等院校的校际沟通与协作，有选择地建立若干海外教师培训基地；加强管理，提高教师出国进修和出访工作的针对性和有效性。

进一步加强和改进外国文教专家和留学归国人员的聘用工作。积极创造条件、开辟渠道，面向全球广揽贤才。针对宁波市高层次学术带头人和大师级领军人物的极度匮乏，可采取超常规措施加以引进，要从宏观调控的角度，根据各类院校的实际情况分层次引进师资，避免重复和浪费。

进一步拓展管理人员尤其是高校领导的国际视野。加大管理人员"走出去"、"引进来"的工作力度，重点加强与国外同类优秀高校的交流，不断更新办学观念，完善管理制度，提高管理水平。

6. 打造优势专业，加快国际化特色院校建设

在国际化发展过程中，鼓励高校结合自身实际，突出特色发展。扩大建设面，改进运行机制，重点培育国际化特色院校，有目的的、有计划地加大对国际化特色院校的支持力度，尽快提升宁波高等院校的整体办学水平和国际影响力，培育壮大推进宁波高等教育国际化发展的中坚力量。如宁波高职院校可借助自己的办学特色，打造优势专业，并以此为载体，积极向国外推广自己的特色专业。

7. 发展课程国际化，推动教育教学改革

要发展高等教育服务，需要根据国际学生需求，改革和调整现有课程体系，实施课程国际化，以便更好地适应留学生的学习要求。实施课程国际化，要做好课程分类，提出不同课程的国际化发展目标。要从不同高校的优势专业出

发，认真做好调研工作，对课程进行分层次区别对待。要加快高等院校教育远程服务建设，为高等院校的国际交流与合作提供更为广泛、更为便利的途径与载体。

8. 完善留学生配套保障机制

宁波目前已经实行覆盖面更大、奖学金额度更高的来华留学生政府奖学金。接下来，可探索在留学生医疗保险、勤工俭学方面给予更多的保障机制。

参考文献

[1] Breinlich H and Criuscolo C. International Trade in Services: a Portrait of Importers and Exporters. *Journal of International Economics*, 2011, 84 (2):188-206.

[2] Colgan C S. Employment and wages for the U. S. ocean and coastal economy, *Monthly Labor Review*, November 2004, 24-30

[3] Dustmann C, Ludsteck J. and Sch onberg U. Revisiting the German Wage Structure. *Quarterly Journal of Economics*, 2009, 124 (2): 843-881.

[4] Federico S and Tosti E. Exporters and importers of services: Firm-level evidence on italy. mimeograph, 2010.

[5] Gaulier G, Mirza D and Milet E. French Firms in International Trade in Services. mimeograph, 2010.

[6] Hoekman B. The General Agreement on Trade in Services: Doomed to Fail? Does it Matter? *Journal of Industry*, Competition and Trade, 2008, 8(3—4):295-318.

[7] Kelle M and Kleinert J. German firms in service trade. Applied Economics Quarterly (formerly: Konjunkturpolitik), Duncker & Humblot, Berlin, 2010, 56(1):51-72.

[8] Kildow J T, McIlgorm A. The importance of estimating the contribution of the oceans to national economies, *Marine Policy*, Volume 34, Issue 3, May 2010, 367-374.

[9] Levy F and Murnane R J. With What Skills Are Computers a Complement? *American Economic Review*, 1996, 86(2):258-262.

[10] Morrissey K. Cathal O'Donoghue, The Irish marine economy and regional development, *Marine Policy*, Volume 36, Issue 2, March 2012, 358-364

[11] NOEP California's Ocean Economy，July 2005. http://www. opc. ca. gov/webmaster/ftp/pdf/docs/Documents _ Page/Reports/CA _ Ocean _ Econ_Report. pdf.

[12] Rauch James. Networks versus Markets in International Trade，*Journal of International Economics*，XLVIII (1999)，7-35.

[13] Rivera-Batiz，Paul Romer. "Economic Integration and Endogenous Growth"，*The Quarterly Journal of Economics*，CVI (1991)，53-555.

[14] Romer P. "Growth Based on Increasing Returns Due to Specialization"，*American Economic Review*，LXXVII (1987)，56-62.

[15] UNCTAD，UNCTADstats. http://unctadstat. unctad. org/ ReportFolders/ reportFolders. aspx.

[16] UNESCO，OECD global education digest 2006[EB/OL]. www. uis. unesco. org/Education/Documents/ged-2006-en. pdf.

[17] UNESCO，OECD global education digest 2009[EB/OL]. www. uis. unesco. org/Education/Documents/ged-2011-en. pdf.

[18] 蔡真亮. 扩大国际交流与合作，促进高等教育国际化发展——兼论宁波大学高等教育国际化的实践探索[J]. 黑龙江高教研究,2005(3).

[19] 曾一秀. 中国金融服务贸易国际竞争力研究[D]. 北京林业大学,2010.

[20] 陈春芳,姜春红. 新型海洋休闲旅游—游轮旅游发展研究[J]. 资治文摘(管理版),2010(2).

[21] 陈虹,章国荣. 中国服务贸易国际竞争力的实证研究[J]. 管理世界,2010(10).

[22] 陈娟,杨敏. 中国海洋旅游研究现状与发展趋势[J]. 经济问题,2009(12).

[23] 陈松. 卓达的蓝色解读[M]. 卓达集团战略投资规划中心,中国商报,2010(12).

[24] 程爵浩,崔园园. 邮轮市场的现状与趋势[N],中国旅游报,2012(4).

[25] 储永萍,蒙少东. 发达国家海洋经济发展战略及对中国的启示[J]. 湖南农业科学,2009(8).

[26] 对外经贸大学国际科技与金融战略研究中心课题组. 全球技术贸易格局中的中国技术贸易政策[J]. 中国科技论坛,2006(3).

[27] 高军,王文洪. 世界佛教论坛与普陀山佛教旅游发展研究[J]资料通讯,2006(11).

[28] 海航. 上海邮轮旅游今年力争五大突破[J]. 港口经济,2012(4).

[29] 韩立民. 青岛市海洋经济发展的战略领域选择与实施对策分析[J]. 中国海

洋大学学报(社会科学版),2004(9).

[30] 韩琪,王建坤.中国高等教育服务贸易逆差的探讨[J].国际贸易,2012(4).

[31] 韩絮.江苏旅游服务贸易发展策略探讨[J].经济研究导刊,2011(11).

[32] 何培英.高等海洋教育生态及其承载力研究[D].中国海洋大学博士论文,2010.

[33] 何亚东.我国服务贸易竞争力及发展战略研究[J].世界贸易组织动态与研究,2010(5).

[34] 贺雪飞.从量的扩张到质的提升——论宁波市高等教育的发展现状与对策[J].宁波大学学报(教育科学版),2006(12).

[35] 黄繁华."新经济"条件下技术贸易新发展与我国对策研究[J].科技与经济,2003(5).

[36] 黄桂良.香港金融服务贸易国际竞争力研究[J].南方金融,2009(4).

[37] 黄士力.务实创新:30年宁波教育发展之路[J].宁波通讯,2008(12).

[38] 黄志明,等.国际海洋经济战略与宁波发展路径研究[M].杭州:浙江大学出版社,2012.

[39] 蒋兰陵,邓世荣.高等教育境外消费服务贸易的结构分析[J].商业研究,2011(2).

[40] 李博.我国三大经济圈经济发展评析[J].产业与科技论坛,2008(2).

[41] 李闽榕.谋篇海洋世纪 重振历史雄风[J].发展研究,2010(8).

[42] 李太光,于曰美,江珊.国内外新型旅游业态的发展动态[M].中国旅游报,2009(2).

[43] 李颖.我国技术贸易发展现状及对策研究[J].商业经济,2010(12).

[44] 梁峰.中国旅游服务贸易发展研究[D].华东师范大学博士学位论文,2010.

[45] 刘静.金融危机下的国际贸易融资:作用、影响及中国选择[D].天津财经大学,2010.

[46] 刘苏.中国金融服务贸易国际竞争力指数分析[J].商业经济研究,2010(1).

[47] 刘欣,康曼红.我国高等教育服务贸易国际竞争力现状及对策研究[J].当代教育论坛(宏观教育研究),2007(8).

[48] 卢群,徐立清.宁波高等教育"由大到强"的路径选择与机制研究[J].浙江万里学院学报,2009(5).

[49] 马吉山,倪国江.我国海洋技术发展对策研究[J].中国渔业经济,2010(6).

[50] 宁波市旅游局.宁波市海洋旅游发展规划.2012.

[51] 钱军.浙江海洋旅游人才培养基地建设的构想[J].浙江海洋学院学报(人文科学版),2010(6).

[52] 秦嗣毅,杨浩.金砖四国金融服务贸易国际竞争力比较研究[J].东北亚论坛,2011(11).

[53] 芮宝娟,许继琴.国际技术贸易的特点与趋势分析[J].宁波大学学报(人文科学版),2004(1).

[54] 邵琪伟.加快步伐把旅游业培育成现代服务业[M].中国旅游报,2010(11).

[55] 舒卫英.宁波海洋旅游业发展对策研究[J].三江论坛,2011(1).

[56] 苏勇军.海洋世纪背景下宁波市海洋旅游产业发展研究[J].科技与管理,2011(1).

[57] 佟家栋,张亚.高等教育的国际贸易性及其决定因素[J].开放导报,2006(10).

[58] 王慧.金融服务贸易的国际竞争力分析[J].金融财税,2010(4).

[59] 王敏.我国国际贸易融资中存在的问题及对策[D].吉林大学,2010.

[60] 王哲.《服务贸易总协定》框架下的高等教育国际化研究[D].东北财经大学博士学位论文,2011.

[61] 吴以桥,朱荣贤.我国海洋技术创新生态化思考[J].科技与经济,2010(10).

[62] 谢安邦,焦磊.中国高等教育服务贸易的发展对策研究[J].复旦教育论坛,2010(6).

[63] 谢俊霞.我国金融服务贸易的国际竞争力研究[D].首都经济贸易大学,2010.

[64] 徐虹,曲颖.我国旅游服务贸易竞争力提升策略探析[J].国际经济合作,2008(7).

[65] 徐剑华,王静亚.2006年全球班轮运输相关指数评价[J].珠江水运,2007(3).

[66] 余斌.宁波高等教育发展研究[D].厦门大学,2006.

[67] 余涛,翁凌峻.国际技术贸易发展趋势及我国的对策选择[J].经济师,2008(11).

[68] 袁金明,郭勇.中国高等教育服务出口贸易现状及发展策略[J].教育学术月刊,2010(12).

[69] 岳杰洁.中国金融服务贸易竞争力研究[D].东华大学,2011.

[70] 张百珍.中国旅游服务贸易国际竞争力比较——与发展中旅游强国比较

[J].经济研究导刊,2012(3).

[71] 张仁开.当代国际技术贸易发展的新态势与新格局[J].对外经贸实务, 2004(10).

[72] 张小兰.宁波发展海洋文化产业的几点思考[J].三江论坛,2011(1).

[73] 张悦.基于沪港比较的上海金融服务贸易国际竞争力分析[J].经济师, 2010(12).

[74] 浙江省教育厅.浙江省高等教育国际化发展规划(2010—2020年),2011.

[75] 周国忠,张春丽.我国海洋旅游发展的回顾与展望[J].经济地理,2005(9).

[76] 朱丽萍,余翔.高校海洋经济人才发展研究[J].经营与管理,2012(1).

主要数据库:
世界银行数据库 http://data.worldbank.org/
联合国贸发会议数据库 http://unctadstat.unctad.org/
联合国教科文组织 http://www.unesco.org/
中国商务部数据库 http://www.mofcom.gov.cn/tongjiziliao/tongjiziliao.html
中国科技统计 http://www.sts.org.cn/
WTO网站 http://www.wto.org/

图书在版编目（CIP）数据

海洋经济战略下服务贸易发展研究——兼论宁波海洋
服务贸易的发展策略／滕帆等著. —杭州:浙江大学出
版社,2014.7
　ISBN 978-7-308-10666-5

　Ⅰ.①海… Ⅱ.①滕… Ⅲ.①海洋经济－服务贸易－
经济发展－研究－中国 Ⅳ.①P74

中国版本图书馆 CIP 数据核字（2012）第 229140 号

海洋经济战略下服务贸易发展研究
　　——兼论宁波海洋服务贸易的发展策略

滕　帆　潘冬青
　　　　　　　　著
刘　平　朱孟进

责任编辑　张　琛　赵　静
封面设计　续设计
出版发行　浙江大学出版社
　　　　　　（杭州天目山路 148 号　邮政编码 310007）
　　　　　　（网址:http://www.zjupress.com）
排　　版　杭州中大图文设计有限公司
印　　刷　杭州日报报业集团盛元印务有限公司
开　　本　710mm×1000mm　1/16
印　　张　13.25
字　　数　250 千
版 印 次　2014 年 7 月第 1 版　2014 年 7 月第 1 次印刷
书　　号　ISBN 978-7-308-10666-5
定　　价　38.00 元